Keven Lass

Variablen, Terme und Rechengesetze im Mathematikunterricht

Praktikumsbericht im Fachbereich Mathematik

GRIN Verlag

Bibliografische Information der Deutschen Nationalbibliothek:

Die Deutsche Bibliothek verzeichnet diese Publikation in der Deutschen Nationalbibliografie; detaillierte bibliografische Daten sind im Internet über http://dnb.d-nb.de/ abrufbar.

Impressum:

Druck und Bindung: Books on Demand GmbH, Norderstedt Germany
ISBN: 978-3-656-59070-5

Dieses Buch bei GRIN:

http://www.grin.com/de/e-book/267746/variablen-terme-und-rechengesetze-im-mathematikunterricht

Humboldt-Universität zu Berlin
Institut für Mathematik
Fachdidaktik

Sommer 2013

Variablen, Terme und Rechengesetze im Mathematikunterricht

Praktikumsbericht im Fachbereich Mathematik

Autor:

Keven Lass
Studienziel: Master of Education
Wirtschaftspädagogik und Mathematik

Berlin, 04.11.2013

Inhaltsverzeichnis

1 Einleitung

In dem folgenden Bericht werden unter anderem die Erfahrungen und Erlebnisse sowie die eigenen Unterrichtsversuche aus dem Unterrichtspraktikum vom 26.08.13 bis 20.09.13 reflektiert. Das Praktikum wurde an dem Oberstufenzentrum in Berlin absolviert. Diese Berufsschule bietet neben dem Berufsschulunterricht für Bank- und Versicherungsauszubildende weitere Bildungsgänge im Rahmen des beruflichen Gymnasiums, der Berufsfachschule, der Weiterbildung sowie der Berufs- und Fachoberschule an.[1]

In dem Bereich der Weiterbildung ist unter anderem eine Europäische Wirtschaftsfachschule (EWF) integriert. In Form von Wochenendunterricht werden innerhalb dieses Fachschulzweiges staatlich geprüfte Betriebswirte ausgebildet. Weiterhin bietet die Schule eine Weiterbildung im Bereich Finanzdienstleistungen an, wobei die Teilnahme an diesen Bildungsangeboten kostenpflichtig ist.[2]

2 Klassensituation

Die Schülerinnen und Schüler der Klasse OBF F WIM 6305 befanden sich im Bildungsgang der einjährigen Berufsfachschule (OBF). Bei diesem Bildungsgang handelt es sich um eine Berufsvorbereitung im Berufsfeld Wirtschaft und Verwaltung, wobei die Aufnahmevoraussetzung der erweiterte Hauptschulabschluss bzw. die erweiterte Berufsbildungsreife ist.

In dem Bildungsgang der OBF befanden sich Schülerinnen und Schüler, die von unterschiedlichen allgemeinbildenden Schulen an die Berufsschule wechselten. Somit kannten sich die Mitschüler/innen im Regelfall erst seit Schuljahresbeginn und damit wenige Wochen. Eine Besonderheit bei den Schülerinnen und Schülern der OBF Klasse WIM 6305 bestand darin, dass bereits alle Teilnehmer/innen den mittleren Schulabschluss im Vorfeld der Berufsvorbereitung erworben hatten.

Die Klasse setzte sich aus insgesamt 23 Lernenden (12 Schüler und 11 Schülerinnen) zusammen. Durch Hospitationsbeobachtungen in der ersten Praktikumswoche konnten eigene Eindrücke gewonnen werden. Diese wurden durch Beurteilungen der Lehrkraft ergänzt. Sowohl das soziale Klima innerhalb der Klasse als auch der Leistungsstand wurde insgesamt mit gut beurteilt. Die Schülerinnen und Schüler respektierten sich gegenseitig, ließen sich ausreden und hielten sich an die Unterrichtsregeln wie zum Beispiel Handzeichen bei Wortmeldungen. Die Lehrkraft hatte ein gutes Verhältnis zu den Lernenden und wurde ernst genommen.

[1] vgl. [OSZ BV] Bildungsangebote.
[2] vgl. [EWF Berlin] Staatliche Europäische Wirtschaftsfachschule.

Insgesamt gab es 17 Schülerinnen und Schüler mit Migrationshintergrund, wobei alle die deutsche Sprache in der mündlichen Kommunikation gut bis sehr gut beherrschen. Der respektvolle Umgang unter den Klassenmitgliedern trug zu einer positiven Arbeitsatmosphäre sowie einem guten Klassenklima bei.

Innerhalb der Klasse gab es keinen Teilnehmer,[3] bei dem im Vorfeld sonderpädagogischer Förderbedarf nachgewiesen wurde. Neben dem insgesamt guten Leistungsstand der Klasse waren heterogene Leistungsstände während den Hospitationsbeobachtungen auffällig. Bei insgesamt drei Schülerinnen und Schülern waren die mathematischen Kenntnisse und Fähigkeiten weit über dem Klassenniveau, wobei hingegen vier Lernende deutliche Schwierigkeiten im Mathematikunterricht hatten.

Es erschien sinnvoll im Vorfeld der eigenen Unterrichtsstunden eine Lehrereinschätzung einzuholen. Hierbei wurde darum gebeten, jeden einzelnen Schüler und jede einzelne Schülerin hinsichtlich des aktuellen Leistungsstandes einzuschätzen. Die Hospitationsbeobachtungen bestätigten sich dabei durch die Lehrereinschätzungen. Von den 23 Lernenden schätzte die Lehrkraft hinsichtlich der mathematischen Kompetenzen 10 Teilnehmer positiv, 8 Teilnehmer durchschnittlich und 5 Teilnehmer als schwach ein. Die jeweils zugeordneten Schülerinnen und Schüler stimmten dabei mit den persönlichen Einschätzungen aus den Hospitationen überein.

Positiv innerhalb der Hospitationen wurde die Arbeitshaltung dieser Klasse wahrgenommen. Ausgegebene Arbeitsaufträge wurden selbständig und fast durchgängig ohne auftretende Unterrichtsstörung bearbeitet. Die Klasse war im Unterricht aktiv und einzelne Personen zeichneten sich durch kritische Betrachtungsweisen aus. Inhaltliche Bestandteile wurden konstruktiv hinterfragt und diskutiert, wobei der Mathematikunterricht immer Dienstag und Freitag in der ersten Unterrichtsstunde stattfand. Die Arbeitsbedingungen innerhalb der Klasse waren aus den genannten Gründen durchweg positiv zu bewerten.

Die Ausstattung des Klassenraums war einfach. Es stand eine Tafel mit Kreide zur Verfügung, die als Hauptmedium für Unterrichtsstunden genutzt wurde. Weiterhin konnten die Lehrkräfte einen Overheadprojektor (OHP) als Medium gebrauchen. Weitere Medien gab es innerhalb der Klasse nicht. Der Klassenraum war ruhig gelegen und lautere Diskussionen störten dadurch keine Nachbarklassen.

[3] männliche personenbezogene Bezeichnungen werden für beide Geschlechter verwendet.

3 Unterrichtete Stoffabschnitte

Das Thema der unterrichteten Stundenreihe waren die Rechengesetze, der Variablenbegriff und Terme sowie Termumformungen, wobei das Verständnis von Variablen sich in dem fachbezogenen, genauer prozessbezogenen, mathematischen Kompetenzbereich des Berliner Rahmenlehrplans widerspiegelt. Schülerinnen und Schüler sollen die nötigen Kompetenzen erwerben, um mit symbolischen, formalen und technischen Elementen der Mathematik umgehen zu können.[4]

Der sichere Umgang mit Variablen und Termen ist direkt im Berliner Rahmenlehrplan unter den prozessbezogenen mathematischen Kompetenzbereichen zu finden.[5] Das Lösen von Problemen mit Hilfe von Variablen und Termen ist inhaltlich im Pflichtbereich der Jahrgangsstufe 7/8 unter der zentralen Leitidee „Zahl" des Berliner Rahmenlehrplans wiederzufinden. Übergreifend dazu gehört die Kompetenz „Erfassen und beschreiben von Funktionen durch Terme" in die zentrale Leitidee des funktionalen Zusammenhangs, genauer in den Bereich „Mit Funktionen Beziehungen und Veränderungen beschreiben".[6]

Da die Schülerinnen und Schüler der in Abschnitt 2 thematisierten OBF Klasse bereits den mittleren Schulabschluss erreicht hatten, wurden die Inhalte der Stundenreihe an das schulinterne Curriculum angepasst. Aus diesem Grund wurde das Thema der Stundenreihe verkürzt behandelt, da die Lernenden bereits Erfahrungen mit diesen Inhalten aus der vorherigen Schulzeit hatten. Die Stundenreihe gliederte sich nach dem Thema Bruchrechnung ein. Im Anschluss folgt das Thema lineare Gleichungen.

Inhaltlich ging es dabei vielmehr um eine Wiederholung der Themen, wobei das Vorwissen der einzelnen Klassenmitglieder sehr unterschiedlich war. Deshalb wurde der Variablenbegriff und die Rechengesetze grundlegend eingeführt, als seien sie zuvor unbekannt gewesen. Die Schülerinnen und Schüler sollten durch die Unterrichtsreihe sicher mit Variablen in verschiedenen Sachzusammenhängen umgehen können. Speziell bei dem Thema Terme und Termumformungen sollte der sichere Umgang erprobt werden.

Für die Stundenreihe zu den Rechengesetzen, Variablen und Termen waren drei Doppelstunden eingeplant. Im Anschluss fanden zwei weitere Doppelstunden zum Thema Termumformung statt, wobei das Thema Gleichungen direkt anschließen sollte. Unabhängig von der verkürzten Unterrichtsreihe in der einjährigen OBF-Klasse wird der Unterrichtsverlauf im Folgenden so dargestellt wie er geplant worden wäre, wenn die Schülerinnen und Schüler keine Vorkenntnisse in den verschiedenen Thematiken gehabt hätten.

[4]vgl. [BRLP] Berliner Rahmenlehrplan, Kapitel 2, Abschnitt 2.1.
[5]vgl. [BRLP] Berliner Rahmenlehrplan, Kapitel 2, Abschnitt 2.2.
[6]vgl. [BRLP] Berliner Rahmenlehrplan, Kapitel 4, Themen und Inhalte, S. 29-31.

Tabellarische Anordnung der Stundenthemen ohne Vorwissen:

Stunde	Thema der Unterrichtsstunde	Kompetenzerwerb
1./2.	Einführung von Variablen	Die Schülerinnen und Schüler verstehen das Konzept der Variable als Platzhalter für Zahlen und somit als Repräsentant für z.B. gesuchte Größen. Die Lernenden definieren selbständig zu verschiedenen Beispielaufgaben Variablen und weisen Ihnen entsprechende Bedeutungen zu. Sie können Variablen in den verschiedenen Zahlbereichen ($\mathbb{N}$, $\mathbb{Z}$ und $\mathbb{Q}$) deklarieren.
3./4.	Verwendung von Variablen und Einführung von Termen	Die Schülerinnen und Schüler nutzen Variablen und übersetzen zwischen symbolischer und natürlicher Sprache. Sie wählen selbständig Variablen zur Beschreibung von Sachsituationen in den Zahlbereichen $\mathbb{N}$, $\mathbb{Z}$ und $\mathbb{Q}$. Sie erkennen, dass Ausdrücke, in denen Variablen und/oder Zahlen mit Rechenzeichen verbunden werden, Terme heißen.
5./6.	Terme mit und ohne Variablen, Wert eines Terms	Die Lernenden stellen zu verschiedenen Sachsituationen Terme auf und nutzen wenn nötig selbständig Variablen. Sie berechnen mit bekannten Rechenoperationen (Addition, Subtraktion, Multiplikation und Division) Werte für verschiedene Terme und können Wertetabellen zu Termen mit Variablen aufstellen.
7./8.	Variablen, Terme und Rechengesetze (Assoziativ-, Kommutativ- und Distributivgesetz)	Die Schülerinnen und Schüler können die bekannten Rechengesetze auf Terme mit und ohne Variablen sicher anwenden. Sie können die Rechengesetze mit Hilfe von Variablen formal und mit Zahlen beispielhaft darstellen.
9./10.	Lösen von Sachaufgaben mit Hilfe von Variablen und Termen	Die Kompetenz, Sachsituationen in mathematische Sprache zu übersetzen, wird gestärkt. Das Lösen von Textaufgaben gelingt strukturiert und selbständig. Variablen werden wenn nötig definiert, Terme aufgestellt und entsprechende Termwerte unter Beachtung der Rechengesetze berechnet.

Stunde	Thema der Unterrichtsstunde	Kompetenzerwerb
11./12.	Lösen von Sachaufgaben mit Hilfe von Variablen und Termen sowie Interpretation der Ergebnisse. Einführung von Termumformungen.	Schülerinnen und Schüler lösen strukturiert und selbständig Sachaufgaben mit Hilfe von Termen und Variablen. Sie übersetzen die Aufgabenstellung in mathematische Sprache und übertragen die Ergebnisse zurück auf den Sachverhalt. Die Schülerinnen und Schüler beantworten zielgerichtet die Fragestellungen der Sachaufgaben mit Hilfe ihrer Ergebnisse.

Weiterführend würden Aufgaben zu Termumformungen behandelt werden, speziell dabei Potenzregeln und das Zusammenfassen von Variablen. Nach Abschluss dieses Inhaltskonzeptes könnten die erworbenen Kompetenzen ausgebaut und auf das Thema Gleichungen übertragen werden.

4 Sachanalyse

Die Sachanalyse wird dreiteilig dargestellt, da der Themenkomplex inhaltlich in der folgenden Reihenfolge aufeinander aufbaut. Anfangs wird die Bedeutung und fachmathematische Darstellung von Variablen thematisiert. Diese werden dann inhaltlich weiterführend für die Hintergrunddarstellung der Rechengesetze verwendet. Abgeschlossen wird die Sachanalyse mit dem Begriff der Terme.

4.1 Die Bedeutung von Variablen

In dem Verlauf der weiterführenden Schulmathematik kommt dem Thema Variablen eine wichtige Bedeutung zu. Im Rahmenlehrplan unter der Leitidee „Zahl“ wird darauf verwiesen, dass Schülerinnen und Schüler selbständig Variablen zur Beschreibung von Sachsituationen und zur Lösung von Problemen nutzen sollen. Die Einführung des Variablenbegriffs ist ebenfalls wichtig, da Variablen häufig als Bestandteile von Termen, Gleichungen, Funktionen und Formeln auftreten.[7]

Bei entsprechender Literaturrecherche ist feststellbar, dass Variablen häufig nur verwendet und nicht definiert werden, da Definitionen nur einige Aspekte des Variablenbegriffs beinhalten. Beispielhaft hierfür sind die folgende Definitionen von Schoenfeld/Arcvani 1988.

Verschiedene Definitionen:

1. „A quantity that may assume any one of a specified set of values.
2. A symbol in a mathematical formula representing a variable: placeholder.
3. A general purpose term in mathematics for an entity which takes various values in any particular context. The domain of the variable may be limited to a particular set of numbers or algebraic quantities.“[8]

Oben wurden nur drei ausgewählte Definitionen genannt. In der angegebenen Literatur gibt es eine Vielzahl weiterer Definitionsversuche zum Variablenbegriff. Deutlich wird, dass eine mathematische Definition von Variablen nur einige Aspekte beinhaltet. Dieses Phänomen ist gleichermaßen für den Zahlbegriff zu beobachten, da dieser sich in einer Definition ebenfalls nicht vollständig erfassen lässt.[9]

[7] vgl. [Malle], S. 44.
[8] [Schoenfeld], S. 421-422.
[9] vgl. [Malle], S. 44.

Dennoch sind Variablen für die Schule und insbesondere in der Hochschulmathematik unverzichtbar. Ein Beispiel ist die Beweisführung bei mathematischen Vermutungen und Sätzen. Lässt sich eine mathematische Vermutung mit konkreten Zahlen zeigen, so ist das kein allgemein gültiger Beweis für alle Zahlbereiche der Mathematik. Im Zusammenhang mit Abschnitt 4.2 soll folgendes Beispiel diese Thematik illustrieren:

Betrachtet wird das folgende Distributivgesetz: $(a-b):c = a:c-b:c$ mit $a, b, c \in \mathbb{N}_0$. Die Annahme sei, dass dieses Distributivgesetz kommutativ ist. Bei folgendem Zahlenbeispiel führt die Annahme zu keinem Widerspruch. Sei $a = 8$, $c = 4$ und $b = 8$. Für $(a-b):c$ ergibt sich $(8-8):4 = 0:4 = 0$ und für $a:c-b:c$ folgt $8:4-8:4 = 2-2 = 0$. Im Fall der Kommutativität ergibt sich für $b:c-a:c = 8:4-8:4 = 2-2 = 0$ und es folgt kein Widerspruch zur Annahme, obwohl das betrachtete Distributivgesetz allgemein nicht kommutativ ist.

Im obigen Beispiel sind a und b beide gleich acht. Werden für a und b verschiedene Zahlen gewählt, so führt die Rechnung zu einem Widerspruch der Annahme. Sei $a = 12$, $c = 4$ und $b = 8$ so ergibt sich für $a:c-b:c$ folgt $12:4-8:4 = 3-2 = 1$ und für $b:c-a:c = 8:4-12:4 = 2-3 = -1$. In diesem Fall ist das obige Distributivgesetz nicht kommutativ.

Anhand dieses Beispiels wird deutlich, dass Variablen unter anderem in der mathematischen Beweisführung eine wichtige Rolle spielen. Es lassen sich vermutete Sätze, Regeln, Formeln und Gesetzmäßigkeiten im allgemeinen Fall zeigen oder widerlegen. Weiterhin können die Variablen für entsprechende Zahlbereiche genutzt bzw. beschränkt werden, indem der Zahlbereich für jede Variable vorher definiert wird.

Wichtig ist, dass der Hintergrund von Variablen erfasst wird. Innerhalb der weiterführenden Schulmathematik wird das Konzept der Variable fast durchgängig verwendet. Insbesondere bei Gleichungen, Funktionen und in der Stochastik wird das Verständnis von Variablen vorausgesetzt. Für die grafische Darstellung von Funktionen werden häufig Wertetabellen erstellt um den Funktionsverlauf skizzieren zu können. Die Schülerinnen und Schüler setzen hierzu beispielsweise verschiedene Werte für Variablen in eine Funktionsgleichung ein, um Wertepaare zu erhalten. Deshalb ist das Hintergrundwissen zu Variablen besonders wichtig.

Für die Einführung des Variablenbegriffs in die Schulmathematik lassen sich drei fachmathematische Aspekte als Zugangsmöglichkeit unterscheiden: der sogenannte Gegenstandsaspekt, der Einsetzungsaspekt und der Kalkülaspekt. Bei dem Gegenstandsaspekt wird eine Variable als unbekannte oder nicht näher bestimmte Zahl definiert bzw. als unbekannter oder nicht näher bestimmter Denkgegenstand.[10]

[10] vgl. [Malle], S. 44.

Eine Variable als Platzhalter für Zahlen bzw. Leerstellen, in die man Zahlen/ Zahlennamen einsetzen darf, entspricht dem Einsetzungsaspekt. Der Kalkül- oder Rechenaspekt bezeichnet eine Variable als bedeutungsloses Zeichen, mit dem nach bestimmten Regeln operiert werden darf.[11] Der Kalkülaspekt verweist damit direkt auf bestimmte Regeln bzw. Rechengesetze. Hierzu zählen das Assoziativ-, Kommutativ- und Distributivgesetz, auf die im Abschnitt 4.2 genauer eingegangen wird. Mit Hilfe von Variablen lassen sich diese Gesetze allgemein nachweisen und die Verbindungsstellen der angesprochenen Thematiken werden in dieser Definition besonders deutlich.

Im Unterschied zu den eben erläuterten Zugängen wird in der Literatur häufig auch die Bindung von Variablen untersucht. Dieser Bindungsaspekt unterstützt die Aussage, dass eine Definition von Variablen nur einige Aspekte des Variablenbegriffs widerspiegelt. Im Algebra-Unterricht werden dabei insbesondere vier Fälle unter Betrachtung des Bindungsaspekts unterschieden, wobei diese auf den Gebrauch von Variablen in unterschiedlichen Situationen abzielen.

Fallunterscheidung bei der Bindung von Variablen im Algebraunterricht:

1. „Bindung durch Quantoren
2. Bindung durch Mengenbildung
3. Bindung durch Funktionsbildung
4. Bindung durch Kennzeichnung“[12]

Bei der Bindung durch Quantoren werden Variablen in Verbindung mit Aussagelogiken gebracht. Ein Beispiel für diesen Fall der Variablenbindung wäre $\forall x$ gilt $x+x+x=3x$. Die Variable x ist hierbei mit dem Zeichen $\forall$ (für alle) verbunden und bezieht sich auf die nachstehende Gleichung.

Die Lösungsmenge einer Gleichung entspricht dem zweiten Fall. Sei z.B. die Lösungsmenge einer Gleichung angegeben als $\{x|5x+2-1=11\}$. Hierbei ist die Variable x gebunden an die entsprechende Gleichung innerhalb der Menge.

Im dritten Fall wird die Variable an eine Funktionsbildung gebunden. Dies entspricht dem Verweis auf Seite 7, dass Variablen im Verlauf der Schulmathematik in weiteren Themengebieten, wie z.B. der graphischen Darstellung von Funktionen, gebraucht werden. Exemplarisch hierfür wäre die folgende Aussage: „Die Funktion, welche x in x^3 abbildet.“ Symbolisch für diesen Fall $x \to x^3$.

[11] vgl. [Malle], S. 44.
[12] [Vollrath], S. 80-81.

In dem vierten Fall werden Variablen durch Kennzeichnungen verbunden. Ein Beispiel hierfür wäre die Aussage: „Dasjenige $x \in \mathbb{N}$ mit $6 < x < 8$.“ In allen vier Fällen wird deutlich, dass Variablen in unterschiedlichen mathematischen Situationen genutzt werden. Eine allumfassende Definition ist deshalb fachmathematisch nicht zu finden.

Für den Schulunterricht sind neben den gängigen Definitionen auf Seite 6 die Hintergrundinformationen zu Variablen sehr wichtig, da die Bedeutungen von Variablen sich je nach Aufgabe und Thema unterscheiden. Der erste Aspekt „Bindung durch Quantoren“ konnte sich im Schulunterricht aufgrund übermäßiger Fehleranfälligkeit nicht durchsetzen.[13]

4.2 Das Kommutativ-, Assoziativ- und Distributivgesetz

In Abschnitt 4.1 wurde bereits auf den Kalkülaspekt bei Variablen hingewiesen. Insbesondere bei Termumformungen könnte dieser Aspekt zielführend sein, weil hierbei die Variablen als bedeutungslose Zeichen interpretiert werden und strikt nach bestimmten Rechenregeln operiert wird.[14] Der Zusammenhang zwischen den Variablen, den Rechengesetzen und den Termen wird an dieser Stelle sehr deutlich.

Bevor diese Termumformungen durchgeführt werden können, ist es wichtig, die angesprochenen Rechengesetze zu kennen. Im Folgenden werden die drei Rechengesetze (Assoziativ-, Kommutativ- und Distributivgesetz) definiert. Dabei wird der Zusammenhang der Zahlbereiche ($\mathbb{N} \subseteq \mathbb{Z} \subseteq \mathbb{Q} \subseteq \mathbb{R}$) vorausgesetzt.

Das Kommutativgesetz

Seien $a, b, c \in \mathbb{N}$, dann gilt $\forall a, b, c:$
(i) $a + b = b + a$
(ii) $a \cdot b = b \cdot a$
Analog für die Zahlbereiche $\mathbb{Z} \subseteq \mathbb{Q} \subseteq \mathbb{R}$.

Das Assoziativgesetz

Seien $a, b, c \in \mathbb{N}$, dann gilt $\forall a, b, c:$
(i) $a + (b + c) = (a + b) + c = a + b + c$
(ii) $a \cdot (b \cdot c) = (a \cdot b) \cdot c = a \cdot b \cdot c$.
Analog für die Zahlbereiche $\mathbb{Z} \subseteq \mathbb{Q} \subseteq \mathbb{R}$.

[13] vgl. [Vollrath], S. 80.
[14] vgl. [Malle], S. 48.

Das Distributivgesetz

Seien $a, b, c \in \mathbb{N}$, dann gilt $\forall a, b, c:$
(i) $c \cdot (a + b) = c \cdot a + c \cdot b$
(ii) $c \cdot (a - b) = c \cdot a - c \cdot b$

Falls $c \neq 0$ so gilt weiterhin:
(iii) $(a + b) : c = a : c + b : c$
(iv) $(a - b) : c = a : c - b : c$

Analog für die Zahlbereiche $\mathbb{Z} \subseteq \mathbb{Q} \subseteq \mathbb{R}$.

Exemplarisch für die oben genannten Rechengesetze wird das Distributivgesetz (i) bewiesen, wobei sich die übrigen Rechengesetze analog mit Hilfe der vollständigen Induktion zeigen lassen. Vor der Beweisführung gilt es folgende Voraussetzungen zu treffen:

V1 Es existieren die natürlichen Zahlen (sichergestellt durch die Peano-Axiome[15]).

V2 Die Addition ist innerhalb der natürlichen Zahlen wohldefiniert.

V3 Die Multiplikation ist innerhalb der natürlichen Zahlen wohldefiniert.

V4 Das Kommutativ- und Assoziativgesetz gilt für die Addition und Multiplikation in dem Zahlbereich $\mathbb{N}$.

Zu V2) Sei die Addition in $\mathbb{N}$ wie folgt definiert: $n + 0 := n$, $n + 1 := n^*$, $n + k^* := (n + k)^*$, wobei $n \in \mathbb{N}$ und n^* der Nachfolger von n ist (siehe Peano-Axiom P1)[16] .

Zu V3) Sei die Multiplikation in $\mathbb{N}$ wie folgt definiert: $n \cdot 0 := 0 \cdot n = 0$, $n \cdot 1 := n$ und $\forall k \in \mathbb{N}$ gilt: $n \cdot k := \underbrace{n + n + ... + n}_{k-mal}$, wobei $n \in \mathbb{N}$ ist.

Die Peano-Axiome sichern den Aufbau der natürlichen Zahlen $\mathbb{N}$ und werden an dieser Stelle nicht im Detail ausgeführt. Die Existenz der natürlichen Zahlen wird für den Beweis vorausgesetzt. Aus der angegebenen Literatur ergeben sich die vollständigen Peano-Axiome zum Aufbau von $\mathbb{N} = \{0, 1, 2, 3, ...\}$.

[15]vgl. [Reiss], Basiswissen Zahlentheorie, S. 63 ff.
[16]vgl. [Reiss], Basiswissen Zahlentheorie, S. 63.

Beweis: (Induktion nach c)

Behauptung: $\forall a, b, c \in \mathbb{N}$ gilt $c \cdot (a + b) = c \cdot a + c \cdot b$

Induktionsanfang: Für $c = 0$ folgt $0 \cdot (a + b) = 0 \cdot a + 0 \cdot b \Rightarrow$ wahr (s. V3)

Induktionsvoraussetzung: Die Behauptung $c \cdot (a + b) = c \cdot a + c \cdot b$ gelte für ein beliebiges aber festes $c \in \mathbb{N}$.

Induktionsschritt: Es gilt zu zeigen, dass aus $c \cdot (a + b) = c \cdot a + c \cdot b$
$\Rightarrow (c + 1) \cdot (a + b) = (c + 1) \cdot a + (c + 1) \cdot b$.

$$\begin{aligned}(c+1)\cdot(a+b) &= \underbrace{(c+1)+(c+1)+...+(c+1)}_{(a+b)-mal} \quad \text{(s. V3)}\\ &= \underbrace{(c+1)+(c+1)+...+(c+1)}_{a-mal}+\underbrace{(c+1)+(c+1)+...+(c+1)}_{b-mal}\\ &= (c+1)\cdot a+(c+1)\cdot b \quad \text{(s. V3)}\end{aligned}$$

□

Der Beweisverlauf verdeutlicht die in Abschnitt 4.1 angesprochene Relevanz von Variablen in mathematischen Situationen der Beweisführung. Das Verständnis der in diesem Kapitel dargestellten Rechengesetze ist für den Verlauf der Unterrichtsreihe notwendig, insbesondere bei dem perspektivischen Thema der Termumformung. Dort müssen Rechengesetze richtig angewendet werden.

Der Rahmenlehrplan verweist in der zentralen Leitidee „Zahl" speziell auf die Kompetenzen, dass Schülerinnen und Schüler Gesetze zur Umformung von Gleichungen begründen und die Rechenregeln auf Terme anwenden können.[17] Aus diesem Grund ist das fachliche Hintergrundwissen zu den Rechengesetzen unabdingbar.

Nachdem das Konzept der Variablen sowie das Kommutativ-, Assoziativ- und Distributivgesetz analysiert und in Verbindung gebracht wurden, folgt in Abschnitt 4.3 die schon angesprochene Beziehung zu den Termen.

[17] vgl. [BRLP] Berliner Rahmenlehrplan, Kapitel 4, Themen und Inhalte, S. 30.

4.3 Terme

Eine hinreichende schulmathematische Definition von Termen wird wie folgt angegeben: „Ausdrücke, in denen Variable und/oder Zahlen mit Rechenzeichen verbunden werden, heißen Terme.“[18] Häufig wird weiterführend noch ergänzt, dass der Wert eines Terms sich dann ergibt, wenn für jede Variable eine Zahl eingesetzt wird.

Die Definition verweist dabei direkt auf mögliche Variablen innerhalb eines Terms. Die Themenverbindung wird an dieser Stelle besonders deutlich. Insbesondere der weitere Unterrichtsverlauf zum Thema Terme umfasst die Termumformung. Entsprechende Aufgaben zur Termumformung können dabei die Anwendung von bereits thematisierten Rechengesetzen verlangen. Gleichermaßen muss der Umgang mit Variablen unter Beweis gestellt werden, z.B. durch Ausklammern oder das Zusammenfassen gleicher Variablen.

Der Zusammenhang von Sachsituationen und Termen stellt einen weiteren Schwerpunkt dar. Die Terme können dazu dienen Situationen zu beschreiben. Hierbei werden inhaltliche Informationen in fachmathematische Sprache in Form eines Terms übersetzt. Als Beispiel wäre ein Taxitarif anzuführen, bei dem sich die Gesamtkosten als ein Term aus Fixkosten und variablen Kosten ergeben. Vorher gilt es die nötigen Variablen zu definieren.

Werden für die Variablen konkrete Zahlen eingesetzt, ergibt sich der entsprechende Wert des Terms. In dem obigen Beispiel könnte durch Einsetzen einer gefahrenen Kilometeranzahl der entsprechende Wert des Terms berechnet werden. Durch Rückinterpretation in Bezug auf die Aufgabenstellung wäre somit die Berechnung des gesamten Fahrpreises für jede beliebige Kilometerzahl möglich.

Im Anschluss an das Thema Terme bietet sich inhaltlich weiterführend das Thema Gleichungen an, welches an dieser Stelle nicht mehr Teil der Sachanalyse ist. Terme sind dadurch abzugrenzen, dass sie lediglich durch Verbindungen von Zahlen und/oder Variablen mit Rechenzeichen gekennzeichnet sind. Bei Gleichungen bzw. Ungleichungen kommen Relationszeichen zu den Termbestandteilen hinzu.

Inhaltlich wurde ein Großteil der mathematischen Vorarbeit zu dem Thema Gleichungen bereits durch die erworbenen Kompetenzen innerhalb der hier angesprochenen Unterrichtsreihe erworben. Insbesondere der Umgang mit Variablen, als auch das Umformen und Zusammenfassen von mathematischen Ausdrücken liefern für das Thema Gleichungen grundlegende Kompetenzen.

[18] [Brinkmann], Algebraische Begriffe

5 Didaktische Aussagen zum Stoffabschnitt

Die drei Zugangsmöglichkeiten auf Schulebene wurden in Abschnitt 4.1 bereits angesprochen, da sie im Zusammenhang mit der Sachanalyse verwendet wurden. Im schulmathematischen Kontext gibt es dabei unterschiedliche Möglichkeiten den Variablenbegriff einzuführen. Diese lassen sich je nach Themenschwerpunkt sinnvoll wählen.

Wichtig ist der Zusammenhang, in dem die Verwendung von Variablen erstmalig thematisiert wird. Der Gegenstandsaspekt definiert Variablen als unbekannte Zahl[19] und bietet sich daher bei dem Thema Gleichungslehre an. Ein Aufgabenbeispiel dieser Zugangsmöglichkeit wäre „Ich denke mir eine Zahl, multipliziere sie mit drei, addiere dann neun und erhalte 30."[20]

Der Einsetzungsaspekt definiert Variablen als Platzhalter bzw. Leerstellen, in die man Zahlen einsetzen darf.[21] Diese Definition konkretisiert den Zahlbereich nicht weiter und ermöglicht somit das Einsetzen beliebiger Zahlen. Aus diesem Grund ist der Einsetzungsaspekt im Zusammenhang mit Termen sinnvoll, da für die Variablen innerhalb eines allgemeinen Terms beliebige Zahlen eingesetzt werden können und sich ein zugehöriger Termwert berechnen lässt.

Im Berliner Rahmenlehrplan wird der Übergang vom Platzhalterprinzip zur Unbekannten unter der Leitidee „Zahl" deutlich. Deshalb wird das Thema Terme vor der Gleichungslehre behandelt. Der Einsetzungsaspekt ist unter den Hinweisen zur zentralen Leitidee „Zahl" wie folgt wiederzufinden:

> „Schülerinnen und Schüler sollen in diesem Modul Variablen als nützliche Werkzeuge zur Lösung mathematischer Probleme erleben. Diese Probleme sollten aus einer großen Breite außer- als auch aus innermathematischen Situationen stammen. Sie bauen auf einem Verständnis von Variablen als Platzhalter in geometrischen Formeln aus und lösen damit geometrische Probleme."[22]

Eine sinnvolle Zugangsmöglichkeit zu Termen ergibt sich aus dem obigen Zitat des Rahmenlehrplans. Die Betrachtung geometrischer Figuren in Verbindung mit Variablen als Seitenlängen führt zu Termen bei z.B. Flächeninhalts- oder Umfangsberechnungen. Durch das Einsetzen verschiedener Zahlen als konkrete Seitenlängen der Figuren ergeben sich die Werte des Terms und somit im Beispiel auch zugehörige Flächeninhalte und Umfänge. Diese strukturierte Verbindung der Thematiken wurde in der Umsetzung der eigenen Unterrichtsstunde genutzt (s. Abschnitt 6).

[19] vgl. [Malle], S. 46.
[20] [Formel 5], S. 91.
[21] vgl. [Malle], S. 46.
[22] [BRLP] Berliner Rahmenlehrplan, Kapitel 4, Themen und Inhalte, S. 31.

Die Darstellung der in Abschnitt 4.2 erläuterten Rechengesetze entspricht dem Kalkülaspekt. Hierbei werden Variablen als bedeutungslose Zeichen verstanden, mit denen nach bestimmten Regeln operiert werden darf.[23] Im Fall der Rechengesetze werden Variablen entsprechend dieser Definition genutzt. Dieser Aspekt wird im weiteren Verlauf bei Termumformungen ebenfalls relevant. Beispielhaft hierfür ist das Zusammenfassen von gleichen Variablen innerhalb eines Terms.

An dieser Stelle wird deutlich, dass die Schülerinnen und Schüler im Verlauf der Themen alle drei Aspekte des Variablenbegriffs kennenlernen und die Einführung sinnvollerweise über den inhaltlichen Zusammenhang von dem Einsetzungsaspekt und den Termen geschieht. Die Termumformung sowie die Gleichungslehre führt im Verlauf zu dem Kalkül- bzw. Gegenstandsaspekt.

Die Relevanz der drei Aspekte verdeutlicht die in der Sachanalyse angesprochene Problematik der mathematischen Definition des Variablenbegriffs. Eine einzige Definition reicht nicht aus, um Variablen in ihrer vielfältigen Vorkommensweise ausreichend gut zu definieren. Diese Definitionsproblematik sollte im Themenverlauf mit der Lerngruppe diskutiert werden und bietet eine gute Möglichkeit die drei Aspekte des Variablenbegriffs aufzuzeigen.

Da die Schülerinnen und Schüler der OBF-Klasse aus unterschiedlichen Schulen zusammengekommen sind, wurde der Variablenbegriff über den Einsetzungsaspekt definiert, um auf eine gemeinsame Definition für das Thema Terme zurückgreifen zu können. Die Themen Variablen, Terme und Rechengesetze sowie deren Verbindungen konnte durch das Vorwissen der Schülerinnen und Schüler aus dem mittleren Schulabschluss innerhalb einer Doppelstunde dargestellt werden. Ebenfalls konnte durch das Vorwissen der Unterschied zwischen mathematischen Konstanten (e, π) und Variablen herausgearbeitet werden.

6 Planung des Stoffabschnittes

Der Aufbau der Unterrichtsreihe ergibt sich implizit bereits durch die in Abschnitt 5 dargestellten Themenverbindungen. Die Einführung des Variablenbegriffs über den Einsetzungsaspekt führt hin zu den Termen, wobei die Rechengesetze im Vorfeld eingeführt wurden, da diese für die OBF-Klasse als Wiederholung dienten. Andernfalls können sich diese im Anschluss an das Thema Terme einreihen und führen somit zum Kalkülaspekt des Variablenbegriffes.[24]

[23] vgl. [Malle], S. 46.

[24] s. Punkt 3, Unterrichtete Stoffabschnitte, Tabellarische Verlaufsplanung ohne Vorwissen.

Zum Aufstellen von Termen wurde ein Unterrichtsabschnitt mit geometrischen Figuren geplant. Der Zugang wurde mit Hilfe von Flächeninhalts- und Umfangsberechnungen sichergestellt. Das notwendige Vorwissen der entsprechenden Formeln konnte in der OBF-Klasse vorausgesetzt werden.

Eine Übungsreihe, bei der Terme zu verschiedenen Sachaufgaben aufgestellt sowie Termwerte berechnet werden, ergänzt die Unterrichtsreihe aufgrund der Vorgaben durch den Berliner Rahmenplan. Im Verlauf der Unterrichtsreihe wird das Thema Termumformungen behandelt und perspektivisch kann ein Übergang von Termen zu den Gleichungen erfolgen.

Insgesamt wurden bei der Planung die mathematikdidaktischen Themenverbindungen zusammen mit den Vorgaben aus dem Berliner Rahmenlehrplan berücksichtigt. Der Verlauf und die Zeitplanung der Unterrichtsreihe wurde dabei an die Voraussetzungen des Bildungsganges sowie an das schulinterne Curriculum angepasst.

7 Ausführlicher Stundenentwurf

Name:	Keven Lass
Datum:	03.09.2013
Klassenstufe:	Einjährige OBF (kaufmännische Berufsfachschule)
Stundentyp:	Kombinierte Theorie- und Übungsstunde (90 Min.)
Thema:	Variablen, Terme und Rechengesetze

7.1 Lernziele und Kompetenzen

7.1.1 Grobziele

Die Schülerinnen und Schüler sollen in dieser Stunde das Thema Variablen und Terme kennenlernen. Das Grobziel der Stunde ist, dass das Konzept einer Variablen durch die Schülerinnen und Schüler erfasst wird. Die Lernenden können die Definition einer Variablen über den Einsetzungsaspekt nachvollziehen. Gleichermaßen soll der Termbegriff verstanden werden.

Die Schülerinnen und Schüler sollen dabei eigene Beispiele zu Termen angeben können und aus Sachaufgaben Termausdrücke entwickeln, wobei sie selbständig Variablen nutzen. Das Kommutativ-, Assoziativ- und Distributivgesetz wird im Zusammenhang mit Variablen verstanden. Die Schülerinnen und Schüler sind in der Lage eigene Beispielrechnungen zu den Gesetzmäßigkeiten zu formulieren.

7.1.2 Feinziele

Mit Hilfe der Definitionen zu Variablen und Termen können die Klassenmitglieder Variablen von mathematischen Konstanten unterscheiden sowie vorgegebene Ausdrücke als Terme identifizieren oder widerlegen. Der Themenzusammenhang von Variablen, Termen und Rechengesetzen, der in der Sachanalyse beschrieben wird, wird durch die Schülerinnen und Schüler erkannt.

Mit Hilfe von vorgegebenen Variablen und anhand von geometrischen Figuren entwickeln die Schülerinnen und Schüler allgemeine Terme zu Flächeninhalts- und Umfangsberechnungen. Im Zusammenhang mit dem Kommutativ-, Assoziativ- und Distributivgesetz sollen die vorkommenden Variablen innerhalb der entsprechenden Terme richtig zusammengefasst und die Anwendung der Rechengesetze erprobt werden.

Die Schülerinnen und Schüler lösen vorgegebene Sachprobleme mit Hilfe von Termen, indem Sie die Inhalte der Aufgabenstellung in die mathematische Sprache übertragen. Sie nutzen dabei Variablen und setzen für diese Zahlen ein, um notwendige Termwerte zu berechnen. Die Ergebnisse werden richtig auf die Sachaufgaben übertragen und eine Lösung zum Problem wird angegeben.

7.2 Vorkenntnisse und Ausblick

Die situativen Voraussetzungen ergeben sich aus der Darstellung der Klassensituation unter Punkt 2. In den vorherigen Stunden wurde das Thema Bruchrechnung, Dezimalbrüche und gemischte Brüche abgeschlossen. Die Zahlbereiche bis einschließlich $\mathbb{Q}$ sind zu Schuljahresbeginn mit Hilfe des Zahlenstrahls eingeführt worden. Die reellen Zahlen sind durch das Vorwissen der Schülerinnen und Schüler bekannt.

Im Anschluss an diese Unterrichtseinheit werden weiter Sachaufgaben zum Thema Terme behandelt, wobei die nötigen Variablen diesmal nicht vorgegeben sind und durch die Schülerinnen und Schüler selbständig definiert werden müssen. Das Thema Termumformungen folgt abschließend zum Themenkomplex der Terme. Danach werden Relationszeichen in Verbindung mit Termen analysiert und führen somit zur Gleichungslehre und dem Thema Ungleichungen.

7.3 Begründung didaktisch-methodischer Entscheidungen

Eine tabellarische Verlaufsplanung der Stunde sowie alle Materialien zu dieser Unterrichtseinheit befinden sich im Anhang.

Der Stundeneinstieg beginnt mit der Begrüßung der Schülerinnen und Schüler. Da der vorherige Themenkomplex in der Vorwoche vollständig abgeschlossen wurde und keine offenen Hausaufgaben ausstehen, kann direkt mit dem neuen Thema begonnen werden. Der Themeneinstieg erfolgt lehrerzentriert als Theoriephase und in Form von Frontalunterricht sowie als Lehrer-Schüler-Gespräch. Durch das Unterrichtsgespräch kann das Vorwissen der Schülerinnen und Schüler besser erfasst und eingeschätzt werden. Dies ist sinnvoll aufgrund der besonderen Klassenzusammensetzung (s. Abschnitt 2).

Durch die Interaktion mit der Klasse werden die Schülerinnen und Schüler motiviert sich aktiv am Unterrichtsgeschehen zu beteiligen. In Verbindung mit dem Frontalunterricht bleibt die Unterrichtsführung dabei bei der Lehrkraft und es kann situativ entschieden werden, wie viel Zeit auf den Theorieinhalt verwendet werden muss. Insbesondere am Beginn der Stunde erscheint dies sinnvoll, weil die Unterrichtsstunde im ersten Schulblock stattfindet.

Als Medium wird die Tafel verwendet, damit die Inhalte des Unterrichtsgespräches festgehalten werden können. Weiterhin werden der Theorieinhalt sowie die Definitionen an der Tafel dokumentiert. Die Schülerinnen und Schüler sollen sich aktiv am Unterrichtsgespräch beteiligen und während dieser Phase nicht mitschreiben, um die Inhalte nachzuvollziehen. Durch das Tafelbild können die Inhalte am Ende dieser Phase von den Schülerinnen und Schülern übernommen werden. Das Aufschreiben dient zur Festigung und Reflexion der Inhalte.

Die Rechengesetze wurden in den Frontalunterricht übernommen, weil hierdurch mögliche Schülerprobleme im Vorfeld geklärt werden können. Insbesondere die Erklärung, dass das Kommutativgesetz nicht für die Subtraktion und Division gilt, wurde im Vorfeld der Unterrichtsplanung als mögliche Schülerschwierigkeit antizipiert. Als Alternative kann dieses auch in Form von entdeckendem Lernen selbständig durch die Schülerinnen und Schüler stattfinden. Durch das Vorwissen der OBF-Klasse und aus Zeitgründen wurde hierauf verzichtet.

Nachdem die Inhalte von der Tafel übernommen wurden, soll zur Anwendungsphase übergegangen werden. Dies geschieht durch die Fortsetzung des Lehrer-Schüler-Gespräches. Die Schülerinnen und Schüler nennen Terme für Flächeninhalt und Umfang zu verschiedenen Figuren. Dabei werden auch Lernende ausgewählt, die sich nicht melden. Dadurch soll sichergestellt werden, dass alle Schülerinnen und Schüler Aufgaben dieser Art lösen können.

Um weiterhin die Theorieinhalte auf der Tafel nutzen zu können findet ein Medienwechsel statt. Die Figuren zur Termbildung wurden dazu auf Folie kopiert. Mit Hilfe des Overheadprojektors werden die Figuren den Lernenden gezeigt. Im Lehrer-Schüler-Gespräch nennen die Schülerinnen und Schüler die jeweiligen Terme und fassen diese wenn möglich zusammen. Auf der Folie werden die Lösungen zur Ergebnissicherung notiert.

Damit sich alle Schülerinnen und Schüler aktiv beteiligen können, findet zuvor eine kurze mündliche Wiederholung zur Flächeninhalts- und Umfangsberechnung statt. Ohne die nötigen Formeln könnte das Aufstellen der Terme einigen Teilnehmern Schwierigkeiten bereiten. Da alle Lernenden den mittleren Schulabschluss im Vorfeld an diesen Bildungsgang erworben haben, findet die Wiederholung als kurzer Impuls statt.

Nach dieser Anwendungsphase folgt eine Erarbeitungsphase in Form von Gruppenarbeit. Da im Rahmenlehrplan das Thema Terme insbesondere mit Sachaufgaben in Verbindung gebracht wird, bildet der Gruppenarbeitsauftrag den Schwerpunkt der Unterrichtseinheit. Nachdem die vorherigen Phasen unter Anleitung der Lehrkraft stattfanden, wird an dieser Stelle der Methodenwechsel zur Gruppenarbeit als sinnvoll erachtet.

Die Schülerinnen und Schüler sollen während der Gruppenarbeitsphase eine sachbezogene Aufgabe lösen und die Ergebnisse mit Hilfe von selbst erstellten Folien vor der Klasse präsentieren. Als Hilfsmittel und zur Anschaulichkeit der Aufgabe wurden Pakete ausgegeben. Insbesondere die Überprüfung der Ergebnisse ist hierdurch sichergestellt (s. Anlage - Gruppenarbeitsauftrag).

Um den Prozess der Gruppenbildung zu beschleunigen wurden im Vorfeld die Mitglieder der jeweiligen Gruppe festgelegt. Hierzu diente eine Leistungseinschätzung der Lehrkraft zu den einzelnen Schülerinnen und Schülern. Um ein relativ homogenes Leistungsniveau der Gruppen zu erzielen befanden sich in jeder Gruppe möglichst gleichviele starke, schwache und mittlere Leistungsträger.

Neben der fachlichen Homogenität der Gruppen soll die Methode der Gruppenarbeit die Sozialkompetenz der Schülerinnen und Schüler in positiver Weise fördern. Durch die festgelegte Gruppenzusammensetzung arbeiten die Schülerinnen und Schüler als Team, wobei idealerweise Leistungsstärkere und Leistungsschwächere gemeinsam die Aufgabe bearbeiten. Bei Problemen können die Gruppenmitglieder sich gegenseitig helfen und die Lehrkraft nimmt eine beobachtende Rolle ein.

Weiterhin wurde die vorgegebene Gruppenzusammensetzung gewählt, um das Klassenklima zu fördern. Da die Schülerinnen und Schüler sich erst wenige Wochen durch Schuljahresbeginn kannten, sollte die Methode zum weiteren Kennenlernen beitragen.

Im Anschluss an diese Erarbeitungsphase findet die Ergebnissicherung in Form von Schülervorträgen statt. Hierbei wurden die Lösungen überprüft und diskutiert. Da nun Sachaufgaben zu Termen sowohl unter Lehreranleitung als auch in Gruppen bearbeitet worden sind, wurde eine Hausaufgabe ausgegeben.

Die Hausaufgabe enthielt weitere Sachaufgaben zum Thema Terme und diente dazu, dass die Schülerinnen und Schüler ihr erworbenes Wissen eigenständig und allein anwenden sowie reflektieren können. Individuelle Probleme oder offene Fragen können die Lernenden dadurch selbständig entdecken und in der nächsten Unterrichtsstunde thematisieren.

Im Anschluss an die Ausgabe der Hausaufgabe erfolgt ein kurzer Ausblick auf die nächste Unterrichtseinheit. Dies fördert eine transparente Unterrichtsgestaltung. Die Verabschiedung der Schülerinnen und Schüler beendet diesen Unterrichtsblock.

7.4 Reflexion der Stunde

Insgesamt bin ich mit dem Verlauf der Unterrichtsstunde sehr zufrieden. Insbesondere deshalb, weil die Lernziele erreicht wurden. Die Schülerinnen und Schüler haben den Variablenbegriff erfasst und konnten die Definition über den Einsetzungsaspekt nachvollziehen. Zu den allgemeinen Rechengesetzen nannten die Schülerinnen und Schüler eigene Beispiele und konnten die Rechengesetze hierauf selbständig anwenden.

Der Termbegriff sowie der Zusammenhang mit Variablen wurde verstanden. Die Lernenden entwickelten richtige Terme zu den vorgegebenen Figuren und arbeiteten intensiv an dem Gruppenauftrag. Besonders erfreulich war, dass neben den fachlichen Zielen auch die sozialen Kompetenzen gefördert wurden. Die Teilnehmer haben in den meisten Fällen aktiv und produktiv zusammengearbeitet. In vielen Fällen wurde die Hilfsbereitschaft von Leistungsstärkeren gegenüber Leistungsschwächeren deutlich.

Eine besondere Schwierigkeit stellte die Zeitplanung dar. Die Reflexion der Unterrichtsstunde zeigt, dass innerhalb der 90-minütigen Unterrichtszeit keine Möglichkeit bestand die Gruppenarbeit zu besprechen. Der Unterricht endete nach der 35-minütigen Erarbeitungsphase. Inhaltlich müsste die Stunde für die Zukunft angepasst werden, so dass als Alternative der Variablenbegriff mit den Rechengesetzen vor dieser Unterrichtseinheit eingeführt wird.

Trotz dessen, dass die Gruppen homogen zusammengesetzt waren, konnten Unterschiede zwischen den einzelnen Gruppen hinsichtlich der tatsächlichen Bearbeitungszeit festgestellt werden. Für leistungsstarke Gruppen wäre eine Zusatzaufgabe zur Binnendifferenzierung sinnvoll. Dazu könnte eine Schnur diagonal auf dem Paket verlaufen. Die Länge wäre hierbei unter Anwendung des Satzes von Pythagoras zu berechnen. Diese Zusatzaufgabe würde leistungsstärkere Schülerinnen und Schüler fordern und die unterschiedlichen Bearbeitungszeiten ausgleichen.

Nach der Unterrichtseinheit wurde durch die Hospitation der Hochschuldozentin festgestellt, dass der Redeanteil für weitere Unterrichtsstunden angepasst werden muss. An einigen Stellen sollte der Redeanteil der Schülerinnen und Schüler deutlich größer sein. Insbesondere bei dem Lehrer-Schüler-Gespräch konnte dies beobachtet werden. An diesen Stellen sollte ich mich mehr in Zurückhaltung üben.

Das Formulieren von Stundenzielen vor dem Unterrichtsbeginn sowie der Ausblick auf die nächste Unterrichtseinheit machen die Inhalte für Lernende transparent. Dies wurde positiv wahrgenommen. Von persönlicher Freude war, dass mir innerhalb dieser Stunde der Zugang zu den Schülerinnen und Schülern sehr schnell gelang, obwohl es die erste eigene Unterrichtsstunde in dieser Klasse war. Das Klassenklima empfand ich als sehr positiv und mit den oben dargestellten Veränderungspotentialen ist diese Unterrichtseinheit in zukünftigen Klassen sehr gut einsetzbar.

8 Hospitationen

Die Hospitationsprotokolle sowie die Auflistung der hospitierten Stunden befinden sich im Anhang dieser Arbeit. Der reflexive Teil bezieht sich dabei auf die Inhalte der zwei Hospitationsprotokolle.

8.1 Reflexiver Teil zum Hospitationsprotokoll 1

Das teilformalisierte Hospitationsprotokoll 1 beinhaltet die Unterrichtssituation in einer OBF am 26.08.13, wobei der Unterricht in der Zeit von 11:35 Uhr bis 13:05 Uhr stattfand. Der fachdidaktische Schwerpunkt der dortigen Hospitation war die Fachsprache im Mathematikunterricht. Am Unterricht zum Thema Bruchrechnung und Terme nahmen insgesamt 20 Schülerinnen und Schüler teil.

Die Fachsprache im Mathematikunterricht ist eine besondere Herausforderung für Schülerinnen und Schüler. Neben der Bildungs- und Alltagssprache ist der Einsatz von Fachsprache im Mathematikunterricht unumgänglich. Die Grundlage zur richtigen Anwendung von Fachsprache liefert dabei die fachwissenschaftliche Kompetenz der Lehrkraft. Weiterhin ist der Einsatz korrekter und präziser Fachsprache Grundvoraussetzung für gute Erklärungen im Unterricht.[25]

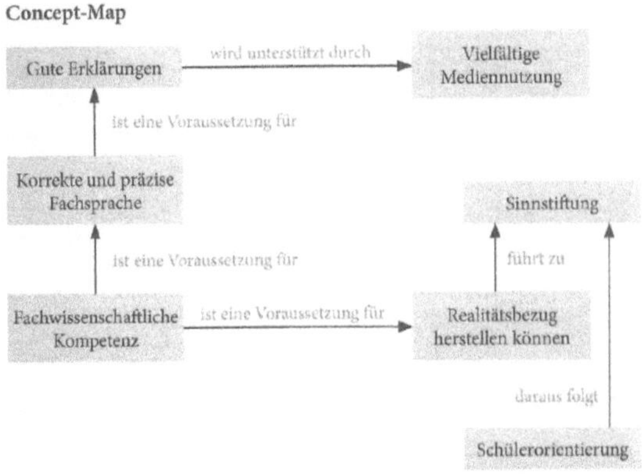

Abbildung 1: Concept-Map für guten Unterricht[26]

In der Hospitationsstunde war der Einsatz von Fachsprache deutlich zu beobachten. Kurz nach dem Stundeneinstieg wies ein Schüler auf einen Klammerfehler hin. Hierdurch war ersichtlich, dass der entsprechende Schüler einen Fehler klassifizieren konnte. An dieser Stelle wäre eine genauere Fehleranalyse interessant gewesen. Es hätte diskutiert werden können, welche Regel missachtet wurde bzw. wo genau der Klammerfehler liegt. Für einige Schülerinnen und Schüler sind solche Details zum Verständnis wichtig.

Insbesondere die Art der Fragestellung im Zusammenhang mit mathematischer Fachsprache erwies sich in den Beobachtungen als wichtig. Bei der Fragestellung „Was ist die Oberfläche eines Quaders?“ gab ein Schüler die Antwort: „a mal b.“. Er erkannte während des Unterrichts, dass die Lehrkraft keine verbale Beschreibung der Oberfläche erwartete, obwohl die Frage entsprechend formuliert war, sondern eine Formel zur Berechnung der Oberfläche. Dennoch könnte die Fragstellung in dieser Art und Weise zur Verwirrung bei Lernenden führen. Eine präzisere Fragestellung zu der erwarteten Antwort wäre: „Wie wird die Oberfläche dieses Quaders berechnet?“

[25]vgl. [Barzel], Mathematik unterrichten: Planen, durchführen, reflektieren, S.14.
[26]vgl. [Barzel], Mathematik unterrichten: Planen, durchführen, reflektieren, S.15.

Auffällig bei den Beobachtungen ist die Bedeutung von Variablen für die Fachsprache im Unterricht. Aussagen wie: „a mal b ist der Flächeninhalt" zeigen, dass der Transfer zwischen symbolischer und fachlicher Sprache eng zusammenhängt. Weiterhin wird an der Passage deutlich, dass für die Anwendung von Fachsprache im Mathematikunterricht das Lernen von Vokabeln Grundvoraussetzung für die Unterrichtsgespräche ist. Beispielhaft sind hierfür die Begriffe Flächeninhalt und Oberfläche.

Die Erkenntnisse zum Umgang mit Fachbegriffen aus den Hospitationen sind in dem Buch „Mathematik unterrichten von Barzel, Holzäpfel, Leuders und Streit" sehr zutreffend beschrieben und unterstützen die eigenständigen Beobachtungen. Hier heißt es:

> „Oft überschätzen Lehrende gerade zu Beginn ihre Fähigkeiten, ad hoc angemessen formulieren zu können (und unterschätzen gleichzeitig die Schwierigkeit, solche Formulierungen zu finden). Die korrekte Verwendung von Fachbegriffen, besonders auch in der Abgrenzung gegenüber dem umgangssprachlichen Gebrauch der Begriffe, stellt im Mathematikunterricht eine besondere Herausforderung dar. In der Geometrie werden beispielsweise viele Begriffe verwendet, die sich am Alltagsgebrauch orientieren, aber sich dennoch von diesem unterscheiden."[27]

Die Verbindung von Alltagssituationen zur Mathematik wurde an der Stelle deutlich als auf den Schuhkarton verwiesen wurde. Interessanterweise wurde danach sofort die richtige Antwort gegeben. Eine Verbindung von bekannten zu unbekannten Dingen kann Schülerinnen und Schülern als wichtige Hilfestellung dienen.

Um 12:22 Uhr traf ein Schüler die Aussage „Ich setze die Zahlen in die Formel ein.", nachdem der Termbegriff dargestellt wurde. An dieser Stelle war zu beobachten, dass der Zusammenhang zu Termen noch nicht vollständig erfasst wurde. Die bekannte Formel zur Oberfläche stellt einen Term dar. Solche Lernprozesse innerhalb der mathematischen Fachsprache sind anspruchsvoll und müssen an entsprechenden Stellen thematisiert werden.

Neben den bereits genannten Aspekten kommt dem Begriff der „Rechengesetze" eine wichtige Rolle innerhalb des Mathematikunterrichts zu. Als ein Potenzgesetz zur Anwendung kam, wurde dies mit der binomischen Formel verwechselt. Solche Begrifflichkeiten und Gesetze müssen im Verlauf der Schuljahre klar voneinander abgegrenzt werden. Eine ähnliche Problemsituation ergab sich am Ende der Stunde, als der Begriff der „Basis" im Zusammenhang mit Potenzen gesucht war und ein Schüler stattdessen auf den Variablenbegriff verwies. Im optimalen Fall hätte sofort der Unterschied an dieser Stelle diskutiert werden müssen oder spätestens am Anfang der nächsten Unterrichtsstunde.

[27] [Barzel], Mathematik unterrichten: Planen, durchführen, reflektieren, S.144.

8.2 Reflexiver Teil zum Hospitationsprotokoll 2

Das narrative Hospitationsprotokoll 2 beinhaltet die Unterrichtssituation in einer OBF am 30.08.13, wobei der Unterricht in der Zeit von 07:50 Uhr bis 09:20 Uhr stattfand. Der didaktische Schwerpunkt der dortigen Hospitation war der Unterrichtseinstieg. Am Mathematikunterricht zum Thema gemischte Brüche nahmen insgesamt 23 Schülerinnen und Schüler teil.

Der Unterrichtseinstieg ist eine besonders wichtige Phase für den Stundenverlauf. Je nachdem welche Methode gewählt wird, lassen sich dadurch unterschiedliche Zielsetzungen verfolgen. Diese Phase kann dazu dienen Neugier und Interesse zu wecken, z.B. für neue Themen. Weiterhin kann die Phase über ein neues Thema informieren, Fragehaltungen aufwerfen, Probleme erzeugen oder Gelegenheit geben eigene Vorschläge seitens der Schülerinnen und Schüler einzubringen.[28] Dies sind nur einige Möglichkeiten zur Zielsetzung. Die didaktischen Funktionen von Unterrichtseinstiegen lassen sich in vier Hauptintentionen zusammenfassen:[29]

- **Orientieren:** Wechselseitig: Lehrer → Schüler und Schüler → Lehrer.
- **Motivieren:** Die Schülerneugier soll geweckt werden.
- **Erwartungshorizont:** Transparente Themenumsetzung.
- **Informieren:** Sachinformationen bereits zu Beginn des Themas.

Anhand des Hospitationsprotokolls und mit Hilfe dieser Funktionen soll der Unterrichtseinstieg reflektiert werden. Das Aufstellen des Schildes mit der Aufschrift „Stop!“ weist auf den Unterrichtsbeginn hin und die Schülerinnen und Schüler waren hieran scheinbar gewöhnt. Dadurch sollten Unterrichtsstörungen während der Einstiegphase durch Zuspätkommen verhindert werden. Die Lehrkraft hatte die volle Aufmerksamkeit der Schülerinnen und Schüler.

Der Rückblick auf die letzte Stunde kann der Orientierungsfunktion zugeordnet werden. Der Lehrer bezieht die Schülerinnen und Schüler mit ein, indem er Fragen zu den Hausaufgaben sammelt. Hierdurch ist die wechselseitige Orientierung gegeben. Der Lehrende erfährt durch die Schülerinnen und Schüler an welchen Stellen es noch Probleme gibt. Um den Bezug zum weiteren Themenverlauf herzustellen, wäre eine ausführlichere Darstellung des Unterrichtsverlaufes hilfreich gewesen. Die Schülerinnen und Schüler hätten hierdurch erfahren, dass nach der Hausaufgabenbesprechung mit dem neuen Thema „gemischte Brüche“ begonnen wird und dies die letzte Möglichkeit ist Fragen zu stellen.

[28] vgl. [Mühlhausen], Erfolgreicher Unterrichten ?!, S. 62-63.
[29] vgl. [Mühlhausen], Erfolgreicher Unterrichten ?!, S. 63-64.

Der gewählte Einstieg war wenig motivierend für die Schülerinnen und Schüler. Dies zeigte sich daran, dass sich anfangs niemand freiwillig meldete, um eine Aufgabe an der Tafel vorzurechnen, obwohl viele der Schülerinnen und Schüler die Aufgaben gelöst hatten. Eine Alternative wäre gewesen den Bezug zum neuen Thema darzulegen und darauf zu verweisen, dass es im Verlauf der Stunde um spezielle Brüche geht, die zum Beispiel durch solche Bruchrechenaufgaben entstehen können.

Insgesamt wurde durch einen Kompromiss interveniert und hierdurch konnten sich Einzelne für die Aufgaben an der Tafel begeistern. Der Unterrichtseinstieg war durch diese Methode aktivierend für die Schülerinnen und Schüler. Der Erwartungshorizont an diese Aufgabe hätte im Vorfeld konkretisiert werden müssen. Bevor einzelne Schülerinnen und Schüler ausgewählt werden, hätte formuliert werden können, dass es bei der Aufgabe nur um das Rechnen an der Tafel geht und nicht um die zugehörige Erklärung. Diese wurde durch die Lehrkraft übernommen, was für einige der Vorrechnenden überraschend war.

Einen Themeneinstieg zu den gemischten Brüchen gab es faktisch nicht. Im Vorfeld wurden keine weiteren Informationen oder Ziele zu den Inhalten genannt. Auf den Themenzusammenhang wurde nicht verwiesen. Den Schülerinnen und Schülern wurden keine Informationen über den weiteren Verlauf der Stunde gegeben. Insbesondere die fehlende Orientierungsfunktion dieses Unterrichtseinstieges zum neuen Thema stellte sich in dieser Klasse als problematisch heraus.

Vor der Themeneinführung hätte die Lehrkraft das Vorwissen der Schülerinnen und Schüler erfassen müssen, weil speziell bei der OBF-Klasse einige Themen Wiederholungsinhalte sind. Durch ein wechselseitiges Unterrichtsgespräch hätte im Vorfeld erkannt werden können, dass das Grundwissen zu gemischten Brüchen bei fast allen Lernenden noch vorhanden war. In der Einführungsphase wurden die Schülerinnen und Schüler unruhig und die Aufmerksamkeit lag nicht mehr bei der Lehrkraft.

Diese Situation wurde schnell durch den Lehrer erkannt. Durch ein folgendes Unterrichtsgespräch wurde das Vorwissen erfasst und der Theorieinhalt verkürzt behandelt. Diese Situation hätte durch den oben dargestellten Alternativeinstieg verhindert werden können. Mir wurde an dieser Stelle bewusst, dass speziell bei diesen Berufsschulklassen das Vorwissen nicht unterschätzt werden darf.

Abschließend ist festzustellen, dass gut geplante Unterrichtseinstiege hilfreich sein können. Es lassen sich jedoch dabei nicht alle möglichen Störungsfaktoren oder Situationen voraussehen. Unvorhersehbare Situationen sind durch spontane Abweichungen zu bewerkstelligen. Dies war in dieser Stunde insbesondere durch den angesprochenen Kompromiss und das eingeschobene Unterrichtsgespräch zu gemischten Brüchen beobachtbar.

9 Darstellung des Leistungstests

Der Leistungstest mit Punkteverteilung und Lösung sowie dem Notenschlüssel ist im Anhang zu finden. Für den Test ergab sich der nachfolgende Zensurenspiegel:

Note	1	2	3	4	5	6
Anzahl	2	3	7	7	3	0

Da der Bildungsgang der OBF nur ganze Noten im Zeugnis erhält wurde auf die Angabe von Notenpunkten verzichtet. Insgesamt ergibt sich aufgrund der oben dargestellten Ergebnisse eine Durchschnittsnote von 3,27 und ein Median von 3.

Der Test war nach den universitären Vorgaben für das Unterrichtspraktikum konzipiert. Danach sollten reproduktive Aufgaben 40 Prozent, Reorganisationsaufgaben 50 Prozent und Transferleistungen 10 Prozent der Gesamtpunktzahl ausmachen. Da mindestens 90 Prozent für die Note 1- erreicht werden muss, hätten alle Aufgaben aus dem reproduktiven- und Reorganisationsbereich richtig gelöst werden müssen ohne Berücksichtigung der Transferleistungsaufgaben.

Aufgabe 4b entsprach der Transferleistungsaufgabe. Aus erziehungswissenschaftlichen Ergebnissen war bekannt, dass diese Aufgabentypen idealerweise in der Mitte des Tests platziert werden, statt am Anfang oder Ende eines Tests. Es wurde festgestellt, dass in dieser Testphase die Leistungsmotivation am größten ist.

Dennoch wurden bei dieser Aufgabe im Durchschnitt die wenigsten Punkte (0,88 von 3) erzielt, wobei immerhin 4 Schülerinnen und Schüler die volle Punktzahl erreichten. Insgesamt 14 Tests erzielten bei dieser Aufgabe 0 Punkte, wobei hiervon 7 Lösungsfelder leer waren. Der Charakter einer Transferleistung spiegelt sich in diesem Ergebnis deutlich wider.

Insbesondere die Aufgaben 1 - 3 und 5 - 6b wurden zumeist sehr gut gelöst. Probleme gab es überraschenderweise bei Aufgabe 7. Das Zusammenfassen von Variablen bereitete ebenso Probleme wie das Auflösen von Klammerausdrücken. Ein häufiger Fehler war, dass gleiche Variablen wie $a + a$ als a^2 verstanden wurden. Im zukünftigen Unterricht würde ich das Zusammenfassen solcher Ausdrücke verstärkt üben und hierfür mehr Zeit und Übungsaufgaben einplanen.

Alternativ würde ich diese Aufgabe aus dem Test entfernen und dieses Thema inhaltlich erst im Anschluss an den Test behandeln, um die Termumformung und Potenzgesetze in Zusammenhang zu bringen. Insgesamt bin ich mit dem Lernfortschritt zufrieden. Anhand der Korrektur konnte ich nachvollziehen, dass das Aufstellen von Termen sowie die zugehörige Termwertberechnung gut gelang.

Der sichere Umgang mit Variablen und Termen in Sachaufgaben war ebenfalls bei der Auswertung nachzuvollziehen. Das Lernen der Rechengesetze würde ich im zukünftigen Unterricht deutlicher betonen. Es stellte sich heraus, dass neben Aufgabe 7 auch Aufgabe 4 Probleme bereitete. Dies lag möglicherweise daran, dass die Rechengesetze nicht ausführlich genug angewendet und die Relevanz dieser Gesetze für den Test nicht deutlich genug betont wurde.

Die Bearbeitungszeit des Tests betrug 40 Minuten, wobei keiner der Testteilnehmer unter zeitlichen Druck geriet. Der Test wurde schriftlich korrigiert und zurückgegeben. Die Aufgaben wurden ausgewertet und besprochen. Positiv war die Vereinbarung mit dem Fachlehrer, dass die Schülerinnen und Schüler selbst entscheiden konnten, ob die erzielte Note berücksichtigt werden soll. Hierbei wurde besprochen, dass in diesem Fall das Ergebnis zu 15 Prozent in die mündliche Note eingeht.

Äußere Mängel in der Form oder Aufgabendarstellung wurden weder von den Schülerinnen und Schülern noch von dem Fachlehrer zurückgemeldet. Unter Berücksichtigung der oben dargestellten Anpassungen würde ich den Test am Ende der Unterrichtseinheit wieder verwenden, da die Aufgaben den inhaltlichen Zielsetzungen entsprechen.

10 Fazit

Die Erfahrungen durch das Unterrichtspraktikum sind durchweg positiv. Insbesondere die Verknüpfungen und Zusammenhänge der mathematischen Themengebiete sind mir viel bewusster geworden als innerhalb der universitären Ausbildung. Die gute Betreuung an der Schule trug dazu bei, dass die eigenen Stärken und Schwächen durch regelmäßiges Feedback thematisiert wurden. Speziell meinen Redeanteil im Unterricht werde ich stärker beobachten und kontrollieren.

Der Lehrerberuf hat bei mir durch das Praktikum noch weiter an Bedeutung gewonnen. Die Anforderungen an guten Unterricht durch Schule, Senatsverwaltung und Lernende sind hoch. Dies geht einher mit hohem Zeitaufwand für Unterrichtsvorbereitungen und die Erarbeitung von Materialien. Neben der Themenvernetzung ist mir bewusst geworden, wie wichtig die Fachdidaktik ist. Angefangen mit der Fachsprache im Unterricht bis hin zu den unterschiedlichen Methoden ist alles für den Lehrerberuf relevant.

Das Praktikum hat mich in einem weiteren Punkt bestärkt: In der Hattie-Studie stellte sich heraus, dass die Lehrerpersönlichkeit der größte positive Einflussfaktor auf Unterricht ist. Meine Erfahrungen bestätigen dies. Das Wichtigste in diesem Beruf sind die Schülerinnen und Schüler. Ein gutes Verhältnis zu der Klasse ist die Basis für erfolgreichen Unterricht.

Während des Praktikums habe ich unterschiedliche Lehrerpersönlichkeiten kennengelernt. Die Beobachtungen und Erfahrungen haben mir gezeigt, dass jeder auf seine eigene Art und Weise als Lehrkraft erfolgreich sein kann. Dabei sollte man seiner eigenen Persönlichkeit treu bleiben. Hierdurch erkennen die Schülerinnen und Schüler die Glaubwürdigkeit einer Lehrperson. Meine eigenen Unterrichtsstunden haben mir gezeigt, dass klare inhaltliche Anforderungen zusammen mit emotionaler Freundlichkeit zu meiner Lehrerpersönlichkeit gehören.

Nachdem ich in einer Klasse selbst unterrichtete, baten mich die Schülerinnen und Schüler den Mathematikunterricht bei Ihnen weiterhin zu übernehmen. Das war einer der schönsten Momente innerhalb des Praktikums. Das Gefühl nach einer guten Unterrichtsstunde durch Lob der Schülerinnen und Schüler ist wohl die größte Motivation eines Lehrers.

Neben den hohen Anforderungen erfüllt dieser Beruf eine wichtige gesellschaftliche Aufgabe. Lehrerinnen und Lehrer entscheiden über Bildungswege und vergeben Abschlüsse. Dadurch können sie erheblichen Einfluss auf den weiteren Lebensverlauf nehmen. Dieser Verantwortung bin ich mir noch mehr bewusst geworden.

Lehrkraft an einer beruflichen Schule hat für mich einen enormen Reiz. Diese Schulen zeichnen sich durch vielfältige Bildungsgänge aus. Neben den Berufsausbildungen können alle Schulabschlüsse bis einschließlich der Hochschulreife erworben werden. Diese Abwechslung im Berufsleben eines Lehrers schätze ich sehr.

Ich habe durch meine Praktikumserfahrungen festgestellt, dass der Lehrerberuf mich erfüllt. Seit Beginn des Studiums habe ich an diesem Berufswunsch nicht zweifeln müssen und die Erlebnisse bestärken mich darin, dass ich den richtigen Beruf gefunden habe. Ich freue mich sehr auf das bevorstehende Referendariat und meine zukünftigen Jahre als Lehrer.

11 Literaturverzeichnis

Literatur

[Barzel] Barzel, B., Holzäpfel, L., Leuders, T., Streit, C., Mathematik unterrichten: Planen, durchführen, reflektieren, 2.Auflage, Cornelsen Schulverlag Berlin 2012, ISBN 978-3-589-23151-5.

[Brinkmann] Rudolf Brinkmann, Mathematik Aktuell, Algebraische Begriffe `www.brinkmann-du.de/mathe/gost/algebra_01.htm`, zuletzt aufgerufen am 29.10.2013

[BRLP] Berliner Rahmenlehrplan Mathematik, `www.berlin.de/imperia/md/content/sen-bildung/schulorganisation/lehrplaene/sek1_mathematik.pdf?start&ts=1150101857&file=sek1_mathematik.pdf`, zuletzt aufgerufen am 29.10.2013

[Bönsch] Bönsch, M. Differenzierung in Schule und Unterricht: Ansprüche, Formen, Strategien, Oldenbourg Schulbuchverlag, 1995, ISBN 978-3486034288

[EWF Berlin] Staatliche Europäische Wirtschaftsfachschule, `www.ewfberlin.de`, zuletzt aufgerufen am 29.10.2013

[Formel 5] Sailer,W., Vollath, E., Weidner, S., Formel 5, Mathematik für Hauptschulen, Buchners C.C. Verlag, Juli 2004, ISBN 978-3766162052, S. 91

[Malle] Malle, G., Didaktische Probleme der elementaren Algebra, Wiesbaden, Vieweg 1993, ISBN 3-528-06319-X

[Mühlhausen] Mühlhausen, U., Wegner, W., Erfolgreicher Unterrichten?!, Eine erfahrungsfundierte Einführung in unterrichtliches Handeln, 3. überarbeitete Auflage, Schneider Verlag Hohengehren 2010, ISBN 978-3-8340-0711-7

[OSZ BV] Oberstufenzentrum Banken und Versicherungen, Bildungsangebote, `www.osz-banken-versicherungen.de/index.php/bildungsangebote.html`, zuletzt aufgerufen am 29.10.2013

[Reiss] Reiss, K., Schmieder, G., Basiswissen Zahlentheorie, Einführung in Zahlen und Zahlbereiche, 2. Auflage, Heidelberg, Springer-Verlag, erschienen 2007, ISBN 978-3-540-45377-2.

[Schoenfeld] Schoenfeld, A., Arcavi, A., The Mathematics Teacher, Vol. 81, No. 6, erschienen September 1988, ASIN B000KGW8G8

[Vollrath] Vollrath, H-J., Weigand, H-G., Algebra in der Sekundarstufe, 3. Auflage, Heidelberg, Spektrum Akademischer Verlag 2009, ISBN 978-3-8274-1803-6

12 Anhang

Anhang – Verlaufsplanung zur Unterrichtsstunde aus Abschnitt 6:

Phase	Zeit	Form	Inhalt
Theorie	07:50 - 08:10 (20 Min.)	**Frontalunterricht und Lehrer-Schüler-Gespräch** In Form von Frontalunterricht wird eine Einführung zu Variablen und Termen gegeben, wobei an einigen Stellen durch ein Lehrer-Schüler-Gespräch die Interaktion mit der Klasse sichergestellt wird.	Einführung zu Variablen und Termen.
Anwendung	08:10 - 08:25 (15 Min.)	**Lehrer-Schüler-Gespräch** Durch ein Lehrer-Schüler-Gespräch soll die Anwendung der Theorieinhalte erprobt werden. Mit Hilfe von geometrischen Figuren werden interaktiv Terme aufgestellt und zusammengefasst.	Terme zu geometrischen Figuren aufstellen und Variablen zusammenfassen.
Erarbeitung	08:25 - 09:00 (35 Min.)	**Gruppenarbeit** In Form einer Gruppenarbeit sollen die Schülerinnen und Schüler eine sachbezogene Aufgabe lösen. Hierzu müssen Terme mit Hilfe von Variablen aufgestellt und im Anschluss reale Seitenlängen der Pakete ermittelt und eingesetzt werden. Durch Pakete wird die Aufgabe anschaulich und der theoretische Inhalt greifbarer.	Vier Terme mit Hilfe von Variablen zu einer sachbezogenen Aufgabe aufstellen und im Anschluss reale Werte für die Variablen einsetzen.

Phase	Zeit	Form	Inhalt
Ergebnis-sicherung	09:00 - 09:19 (19 Min.)	**Schülervortrag** Die einzelnen Gruppen stellen ein Ergebnis aus der Gruppenarbeit mit Hilfe der erstellten Folien vor.	Die Ergebnisse werden auf Richtigkeit überprüft und die Schülerinnen und Schüler stellen durch den Vortrag ihre erworbenen Fähigkeiten unter Beweis.
Ausblick	09:19 - 09:20 (1 Min.)	**Lehreraktion** Verabschiedung der Schülerinnen und Schüler.	Kurzer Ausblick auf die nächste Unterrichtsstunde. (Terme umformen und zusammenfassen)

Variablen und Terme

1. Theoriephase: Tafelanschriebe

Variable — In der Mathematik werden Buchstaben, die als Platzhalter für Zahlen benutzt werden, ***Variable*** genannt. Da man für diese Buchstaben je nach Situation verschiedene Zahlen einsetzen kann, werden Variable auch Veränderliche genannt.

Terme — Ausdrücke, in denen Variable und/oder Zahlen mit Rechenzeichen verbunden werden, heißen ***Terme***. Der Wert eines Terms ergibt sich dann, wenn man für jede Variable eine Zahl einsetzt.

Beispiel:

Term: $x + 5$ Variable: x
Wert des Terms bei z.B. $x = 2$: $x + 5 = 2 + 5 = 7$

Term: $x \bullet (x+y)$ Variable: x ; y
Wert des Terms bei z.B. $x = 5$ und $y = 1$: $5 \bullet (5+1) = 5 \bullet 6 = 30$

Wichtig:

Abgrenzung → Gemischte Brüche 5 ½ → 5 + ½
Variablen $9x = 9 \bullet x$

Kommutativ, -Assoziativ,-Distributivgesetz

Kommutativgesetz	**Der Addition**	**Der Multiplikation**
	$a + b = b + a$	$a \bullet b = b \bullet a$
Beispiel:	$3 + 5 = 5 + 3 = 8$	$15 \bullet 5 = 5 \bullet 15 = 75$
Assoziativgesetz	**Der Addition**	**Der Multiplikation**
	$a + (b+c) = (a+b) + c = a+b+c$	$a \bullet (b \bullet c) = (a \bullet b) \bullet c = a \bullet b \bullet c$
Beispiel:	$1+(2+3) = 1+5 = 6$ $(1+2)+3 = 3+3 = 6$	$3 \bullet (2 \bullet 4) = 3 \bullet 8 = 24$ $(3 \bullet 2) \bullet 4 = 6 \bullet 4 = 24$
Distributivgesetze	I $(a+b) \bullet c = a \bullet c + b \bullet c$	III $(a+b) : c = a : c + b : c$
	II $(a-b) \bullet c = a \bullet c - b \bullet c$	IV $(a-b) : c = a : c - b : c$
Beispiel:	**Setze a=3 , b=2 und c=4 ein.**	

I $5 \bullet 4 = 20 = 3 \bullet 4 + 2 \bullet 4$
II $1 \bullet 4 = 4 = 3 \bullet 4 - 2 \bullet 4$
III $5 : 4 = (5/4) = 3 : 4 + 2 : 4$
IV III $1 : 4 = (1/4) = 3 : 4 - 2 : 4$

2. Anwendungsphase: Folie und Tafelanschriebe

Terme entwickeln:

Quadrat

Umfang $U = x + x + x + x = 4 \bullet x$

Flächeninhalt $A = x \bullet x = x^2$

Rechteck

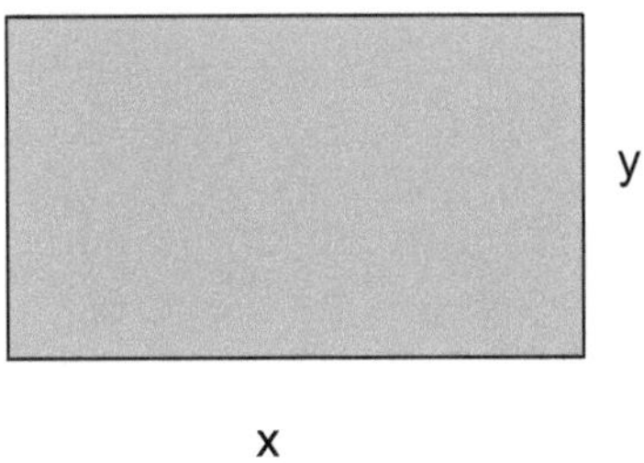

Umfang $U = x + y + x + y = 2x + 2y$

Flächeninhalt $A = x \bullet y$

Figur 1

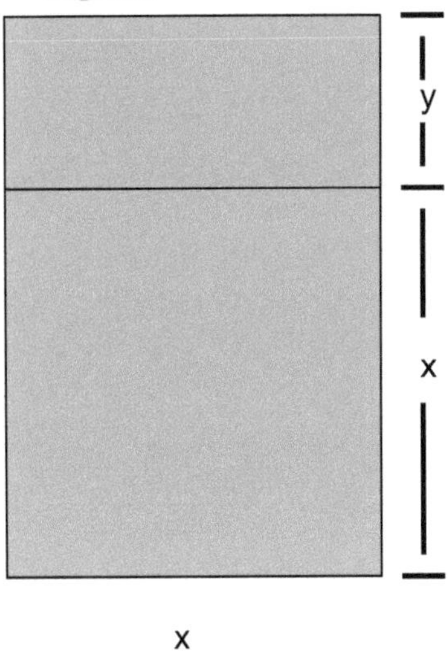

$U = x + x + y + x + y + x = 4x + 2y$
$= 2 \bullet (2x+y)$

$A = x \bullet x + x \bullet y = x^2 + x \bullet y = x \bullet (x+y)$

Figur 2

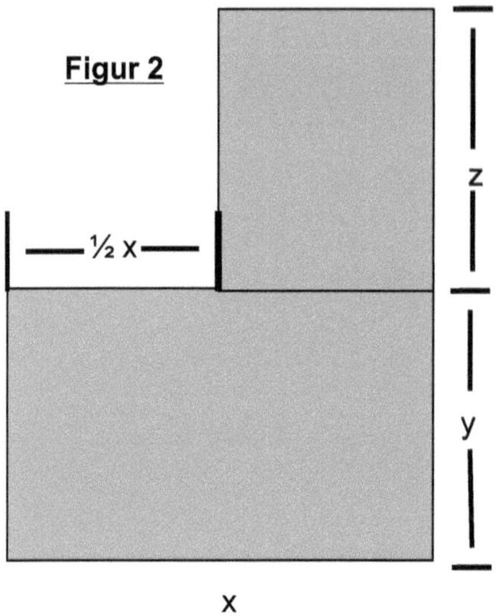

$$U = x + y + z + \tfrac{1}{2}x + z + \tfrac{1}{2}x + y$$
$$= 2x + 2y + 2z = 2(x+y+z)$$

$$A = x \bullet y + \tfrac{1}{2}x \bullet z$$

Klasse: OBF (F_WIM 6305) Datum: 03.09.13
Lehrkraft: Hr. Lass
Unterrichtsfach: Mathematik
Thema: Terme entwickeln

Gruppenarbeit – Terme entwickeln

Finden Sie sich in Ihrer entsprechenden Gruppe zusammen!

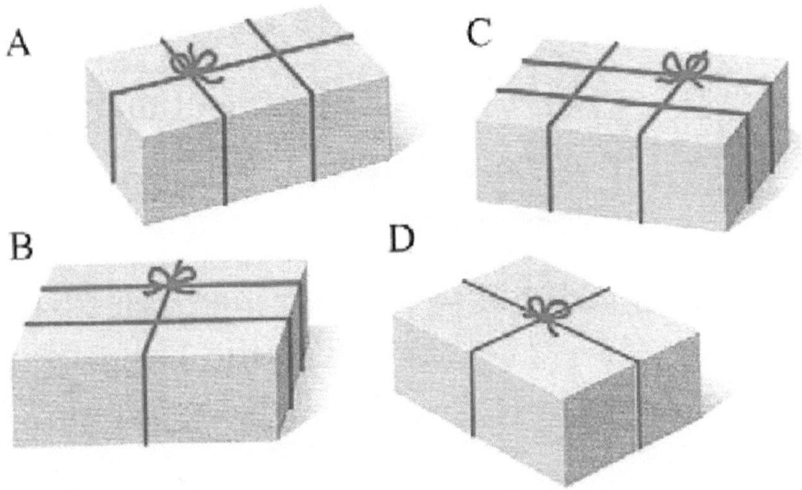

Situation: Ihre Gruppe ist zu einer Feierlichkeit eingeladen. Dafür müssen vier Pakete auf unterschiedliche Weise mit Paketband eingepackt werden (s. obiges Bild).

Die drei Variablen **l**, **b** und **h** sind die entsprechenden Seitenlängen Ihres Pakets in cm. Für die Schleife auf dem Paket benötigen Sie zusätzlich 20 cm Paketband.

Aufgaben:

1. Entwickeln Sie zu jedem der vier Verpackungsmöglichkeiten einen Term, der die gesamte Länge des nötigen Paketbands angibt.

2. Jetzt wird es praktisch! Verpacken Sie ihr Paket mit dem Paketband nach Muster A, B, C und D. Überprüfen Sie mit den verpackten Paketen ihre dafür entwickelten Terme aus Aufgabe 1.

3. Nehmen Sie sich ein Lineal! Messen Sie die drei Seitenlängen ihres Pakets aus! Setzen Sie diese drei Messergebnisse für die Variablen in Ihre Terme ein. Rechnen Sie somit die nötige Schnurlänge für jede Verpackungsart aus.

4. Erstellen Sie eine Folie mit Ihren vier Termen und Lösungen zu Aufgabe 3.

Sie haben maximal 35 Minuten Zeit! → Viel Spaß! ☺

Klasse: OBF (F_WIM 6305) Datum: 03.09.13
Lehrkraft: Hr. Lass
Unterrichtsfach: Mathematik
Thema: Terme entwickeln

Lösungen zur Gruppenarbeit

1. Aufgabe:

Term A) 2l + 6h + 4b + 20
Term B) 4l + 6h + 2b + 20
Term C) 4l + 8h + 4b + 20
Term D) 2l + 4h + 2b + 20

3. Aufgabe:

Paketmaße und Lösungen der Gruppe...

...A: l = 25cm; b = 16cm; h = 9,5cm

Wert Term A: 191cm
Wert Term B: 209cm
Wert Term C: 260cm
Wert Term D: 140cm

...B: l = 22,5cm; b = 16cm; h = 11,5cm

Wert Term A: 198cm
Wert Term B: 211cm
Wert Term C: 266cm
Wert Term D: 143cm

...C: l = 24,5cm; b = 16cm; h = 10cm

Wert Term A: 193cm
Wert Term B: 210cm
Wert Term C: 262cm
Wert Term D: 141cm

...D: l = 24cm; b = 15cm; h = 9cm

Wert Term A: 182cm
Wert Term B: 200cm
Wert Term C: 248cm
Wert Term D: 134cm

...E: l = 23cm; b = 16,5cm; h = 11cm

Wert Term A: 198cm
Wert Term B: 211cm
Wert Term C: 266cm
Wert Term D: 143cm

Klasse: OBF (F_WIM 6305) Datum: 06.09.13
Lehrkraft: Hr. Lass
Unterrichtsfach: Mathematik
Thema: Terme entwickeln

Hausaufgabe - Terme entwickeln

Entwickeln Sie zu den folgenden Situationen Terme und berechnen Sie die entsprechenden Werte der Terme.

Aufgaben:

1. a.) Sie möchten mit einem Taxi nach Hause fahren. Taxifahrer A verlangt 4€ Grundgebühr und 3€ pro Kilometer. Taxifahrer B berechnet 1,50€ pro Kilometer und 7€ Grundbeitrag. Stellen Sie jeweils einen Term für die Gesamtkosten auf!

   b.) Sie wissen, dass die Entfernung nach Hause 4 km beträgt. Berechnen Sie den Wert für ihre Terme aus Aufgabe1a.). Welches Angebot ist günstiger?

2. a.) Nehmen Sie an, dass Sie grundsätzlich ein Taschengeld von 25€ pro Monat bekommen. Für jedes Zuspätkommen in der Schule müssen Sie Ihren Eltern 2,50€ zurückgeben. Entwickeln Sie zu dieser Aufgabe einen Term!

   b.) Berechnen Sie den Wert ihres Terms für 0,3,7,10 und 12 Verspätungen.

3. a.) Jan, Sven und Julia haben Geld von Ihrem Konto abgehoben um damit im Casino zu spielen. Am Ende des Casinobesuches hat Jan sein Geld verdreifacht. Julia hat weder Gewinn noch Verlust gemacht. Sven hat die Hälfte seines Einsatzes verloren. Entwickeln Sie einen Term für das gesamte Guthaben der Drei vor dem Casinobesuch und einen Term für das gesamte Guthaben nach dem Casinobesuch.

   b.) Jan ist mit 175€, Julia mit 300€ und Sven mit 400€ in das Casino gegangen. Berechnen Sie den Wert ihrer Terme aus Aufgabe 3a.)

4. Berechnen Sie die Werte des Terms A für x = -4, -2, 0, 3, 6, 7, 9 und die Werte des Terms B für x = 3 und y = -5, -4, 1, 4, 8, 10.

   Term A) 8x+10 **Term B) 3x+½ y-5**

5.* Denken Sie sich einen eigenen Term aus und entwickeln Sie dazu eine mögliche Sachsituation.

Klasse: OBF (F_WIM 6305), Mathematik, Hr. Lass 10.09.13

Vorname: ____________________ Nachname: ____________________

Test: Variablen, Terme und Rechengesetze

1. Aufgabe: Unterstreichen Sie in dem folgenden Ausdruck die Variablen. / 3P.

5x + 7y - 3z + 9e +10 , *wobei e die eulersche Zahl (irrationale Zahl = 2,7182...) ist.*

2. Aufgabe: Folgender Term ist gegeben: **½x + 8y**. Ergänzen Sie die Tabelle! / 3P.

x-Wert	y-Wert	Wert des Terms
-4	2	
3	-3	
14	5	

3. Aufgabe: Betrachten Sie die Grafik! Stellen Sie einen Term für den Flächeninhalt sowie einen Term für den Umfang auf und vereinfachen Sie die Terme so weit wie möglich! / 5P.
(H sind gleiche Rechtecke.)

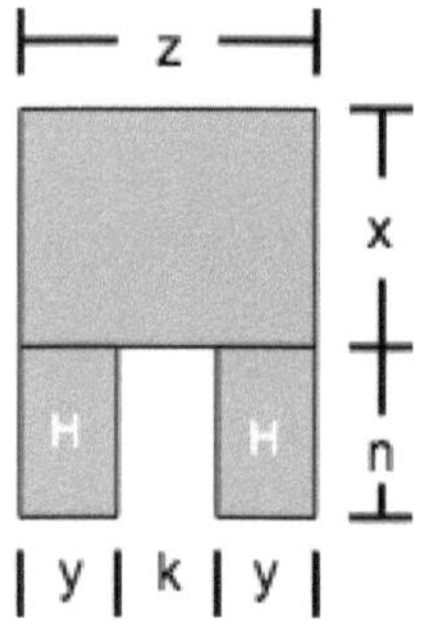

U =

A =

4. Aufgabe: a.) Folgende Rechnungen sind Ihnen gegeben. Nennen Sie jeweils das Rechengesetz, welches angewendet wurde. / 3P.

12 = (3 + 2) + 7 = 3 + (2 + 7) = 12 ____________________

30 = 2 · 1 · 5 · 3 = 1 · 2 · 3 · 5 = 30 ____________________

60 = (3 + 2) · 12 = (3 · 12) + (2 · 12) = 60 ____________________

b.) Zeigen Sie an einem Beispiel, dass die Division in Bezug auf die Subtraktion distributiv ist.

/ 3P.

5. Aufgabe: a.) Familie Schmidt plant einen Ausflug mit einem Mietwagen. Anbieter A verlangt eine Grundgebühr von 60€ und 2,30€ pro km. Anbieter B berechnet 2,60€ pro km und 45€ Grundgebühr. Stellen Sie für die Gesamtkosten *jeweils* einen Term auf! / 3P.

b.) Der Hin -und Rückweg zum Ausflugsort beträgt 120 km. Berechnen Sie, welcher Anbieter für Familie Schmidt günstiger ist! / 3P.

6. Aufgabe: a.) Zu Beginn des Sporttrainings läuft ein Sportler 18mal die 400-m-Bahn. Am Ende der Einheit läuft er die Bahn noch 12mal. Stellen Sie einen Term auf, der die zurückgelegte Strecke des Läufers angibt und berechnen Sie die Streckenlänge! / 2P.

b.) Welches Rechengesetz können Sie bei 6a.) verwenden? ________________________ / 1P.

7. Aufgabe: Formen Sie die folgenden Terme um und vereinfachen Sie weitmöglichst! / 9P.

$a + (b + (c + d)) + a + (b + (c + d)) =$

$a - ((b + c) + d) + a - (a + (b + c) - d) =$

$2(3a + 4b) + 5(a + 2b) =$

$3(a + b) + 5(a - b) - 2(4a - b) =$

______ ≈ % **Note:**

35 P.

Klasse: OBF (F_WIM 6305), Mathematik, Hr. Lass 10.09.13

Vorname: ____________________ Nachname: ____________________

Lösungen zum Test: Variablen, Terme und Rechengesetze

1. Aufgabe: Unterstreichen Sie in dem folgenden Ausdruck die Variablen.

5x + 7y - 3z + 9e +10 , *wobei **e** die eulersche Zahl (irrationale Zahl = 2,7182...) ist.*

2. Aufgabe: Folgender Term ist gegeben: **½x + 8y**. Ergänzen Sie die Tabelle!

x-Wert	y-Wert	Wert des Terms
-4	2	14
3	-3	-22 ½
14	5	47

3. Aufgabe: Betrachten Sie die Grafik! Stellen Sie einen Term für den Flächeninhalt sowie einen Term für den Umfang auf und vereinfachen Sie die Terme so weit wie möglich! (H sind gleiche Rechtecke.)

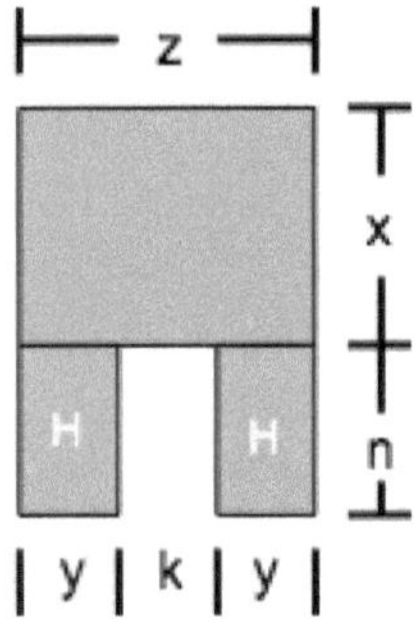

U = y + n + x + z + x + n + y + n + k + n
= 2y + 4n + 2x + z + k
= 2(y + x + 2n) + z + k

A = (yn) + (yn) + xz
= 2 (yn) + xz

4. Aufgabe: a.) Folgende Rechnungen sind Ihnen gegeben. Nennen Sie jeweils das Rechengesetz, welches angewendet wurde.

12 = (3 + 2) + 7 = 3 + (2 + 7) = 12 Assoziativgesetz

30 = 2 · 1 · 5 · 3 = 1 · 2 · 3 · 5 = 30 Kommutativgesetz

60 = (3 + 2) · 12 = (3 · 12) + (2 · 12) = 60 Distributivgesetz

b.) Zeigen Sie an einem Beispiel, dass die Division in Bezug auf die Subtraktion distributiv ist!

(18 – 12) : 3 = (18 : 3) – (12 : 3)

2 = 6 : 3 = 6 – 4 = 2

Klasse: OBF (F_WIM 6305), Mathematik, Hr. Lass 10.09.13

Vorname: ____________________ Nachname: ____________________

5. Aufgabe: a.) Familie Schmidt plant einen Ausflug mit einem Mietwagen. Anbieter A verlangt eine Grundgebühr von 60€ und 2,30€ pro km. Anbieter B berechnet 2,60€ pro km und 45€ Grundgebühr. Stellen Sie *jeweils* einen Term auf!

x: Anzahl der gefahrenen Kilometer
A: $2{,}3x + 60$
B: $2{,}6x + 45$

b.) Der Hin -und Rückweg zum Ausflugsort beträgt 120 km. Berechnen Sie, welcher Anbieter für Familie Schmidt günstiger ist!

A: $2{,}3 \cdot 120 + 60 = 276 + 60 = 336$
B: $2{,}6 \cdot 120 + 45 = 312 + 45 = 357$

Angebot A ist günstiger!

6. Aufgabe: a.) Zu Beginn des Sporttrainings läuft ein Sportler 18mal die 400-m-Bahn. Am Ende der Einheit läuft er die Bahn noch 12mal. Stellen Sie einen Term auf, der die zurückgelegte Strecke des Läufers angibt und berechnen Sie die Streckenlänge!

$18 \cdot 400 + 12 \cdot 400$
$= 30 \cdot 400 = 12000$
Er hat 12000 m zurückgelegt.

b.) Welches Rechengesetz könnten Sie bei Aufg. a.) verwenden? Distributivgesetz

7. Aufgabe: Formen Sie die folgenden Terme um und vereinfachen Sie weitmöglichst!

$a + (b + (c + d)) + a + (b + (c + d)) = 2(a + b + c + d)$

$a - ((b + c) + d) + a - (a + (b + c) - d) = a - 2b - 2c = a - 2(b + c)$

$2(3a + 4b) + 5(a + 2b) = 11a + 18b$

$3(a + b) + 5(a - b) - 2(4a - b) = 0$

Anhang - Notenschlüssel OBF

OBF

6	0%	9.9%
5-	10%	21,6%
5	21,7%	33,2%
5+	33,2%	44,9%
4-	45%	49,9%
4	50%	54,9%
4+	55%	59,9%
3-	60%	64,9%
3	65%	69,9%
3+	70%	74,9%
2-	75%	79,9%
2	80%	84,9%
2+	85%	89,9%
1-	90%	93,3%
1	93,4%	96,6%
1+	96,7%	100%

Datum	Uhrzeit	Klasse	Schüler-anzahl	Fach	Stundenthema	Hospitations-schwerpunkt
26.08.13	9:40 - 11:10	FOS 1301	13	Mathe	Binomische Formeln und Gleichungen	Sozialformen im Unterricht
26.08.13	11:35 - 13:05	OBF 6304	20	Mathe	Bruchrechnung und Terme	Fachsprache im Unterricht
26.08.13	13:30 - 15:00	FOS 1301	13	Mathe	Gleichungen	Umgang mit Störungen
27.08.13	07:50 - 09:20	OBF 6305	22	Mathe	Bruchrechnung	Fachsprache im Unterricht
27.08.13	11:35 - 13:05	FOS 1301	12	Mathe	Bruchrechnung und Gleichungen	Fachsprache im Unterricht
29.08.13	09:40 - 11:10	OBF 6304	21	Mathe	Bruchrechnung	Interaktionen zwischen Lehrer und Schüler
30.08.13	07:50 - 09:20	OBF 6305	23	Mathe	Gemischte Brüche	Unterrichtseinstieg
30.08.13	09:40 - 11:10	GYM-Oberst.	9	Mathe LK	Kurvendiskussion	Medieneinsatz
30.08.13	11:35 - 13:05	GYM-Oberst.	12	Mathe GK	Vektorrechnung	Phasen des Regellernens
02.09.13	09:40 - 11:10	FOS 1301	13	Mathe	Funktionen	Umgang mit mathematischen Begriffen
02.09.13	11:35 - 13:05	OBF 6304	21	Mathe	Termumformung	Sozialformen im Unterricht
02.09.13	13:30 - 15:00	FOS 1301	13	Mathe	Lin. Funktionen und Geraden	Meldeverhalten der Schüler/innen
03.09.13	07:50 - 09:20	OBF 6305	22	Mathe	Variablen, Terme und Rechengesetze	Eigener Unterrichtsversuch
05.09.13	09:40 - 11:10	OBF 6304	21	Mathe	Terme	Umgang mit Störungen
06.09.13	07:50 - 09:20	OBF 6305	22	Mathe	Variablen, Terme und Rechengesetze	Eigener Unterrichtsversuch
06.09.13	09:40 - 11:10	GYM-Oberst.	9	Mathe LK	Kurvendiskussion	Meldeverhalten der Schüler/innen
07.09.13	11:15 -12:45	EWF	62	Mathe	Zahlenstrahl und Bruchrechnung	Didaktische Methoden

Datum	Uhrzeit	Klasse	Schüler-anzahl	Fach	Stundenthema	Hospitations-schwerpunkt
09.09.13	09:40 - 11:10	FOS 1301	13	Mathe	Gleichungen und Gleichungssysteme	Eigener Unterrichtsversuch
09.09.13	13:30 - 15:00	FOS 1301	13	Mathe	Gleichungen und Gleichungssysteme	Eigener Unterrichtsversuch
10.09.13	07:50 - 09:20	OBF 6305	23	Mathe	Terme und Gleichungen	Co-Teaching und Leistungstest
13.09.13	07:50 - 09:20	OBF 6305	23	Mathe	Periodische Dezimalbrüche	Co-Teaching
16.09.13	09:40 - 11:10	FOS 1301	14	Mathe	Gleichungssysteme	Co-Teaching und Leistungstest
17.09.13	09:40 - 11:10	FOS 1301	14	Mathe	Gleichungssysteme	Co-Teaching

Anhang - Teilformalisiertes Hospitationsprotokoll 1

Uhrzeit	Schüleraussagen	Lehreraussagen und Reaktionen	Situation
11:35	-	Guten morgen, wir widmen uns heute erneut dem Thema Bruchrechnung und gehen dann zu Termen über.	Begrüßung der Schülerinnen und Schüler sowie Nennung der Themen.
11:55	Sie hat einen Klammerfehler gemacht.	Richtig erkannt.	Eine Schülerin rechnete eine Aufgabe an der Tafel
12:03	-	Wir werden jetzt zum Thema Terme übergehen. Was ist die Oberfläche eines Quaders?	Die Lehrkraft zeichnet einen Quader an die Tafel, wobei die Grundfläche ein Quadrat sein soll.
12:05	Man rechnet a mal b.	Was rechne ich bei a mal b aus?	Die Lehrkraft schreibt den genannten Term an die Tafel.
12:06	a mal b ist der Flächeninhalt.	Richtig. Was ist nun aber die Oberfläche?	Der Lehrer verweist auf den an der Tafel angezeichneten Quader.
12:08	-	Stellen Sie sich einen Schuhkarton vor.	Kein(e) Schüler/in meldet sich.
12:10	Ich rechne $4ab + 2a^2$.	Ja, richtig! Geometrie ist wichtig.	Lehrer schreibt die Lösung an die Tafel. Im Anschluss erfolgt eine Erklärung zu Termen.
12:22	Ich setze die Zahlen in die Formel ein.	Dann machen Sie das mal!	Mit vorgegebenen Seitenlängen wird die Oberfläche des Quaders berechnet.
12:28	-	Wie wird das Volumen berechnet?	Die Lehrkraft deutet auf den Quader an der Tafel.
12:31	Seite mal Höhe.	Nein! Was ist das?	Ein Schüler gibt eine falsche Antwort.
12:34	Das ist die Grundfläche.	Naja, hier die Vorderfront des Schuhkartons.	Der Schüler korrigiert seine falsche Antwort.
12:37	Ich rechne Länge mal Breite mal Höhe.	Ja, Sie rechnen a mal b mal c.	Ein anderer Schüler wurde nach der Antwort gefragt.

12:41	-	So wir wollen uns nun diesen Term ansehen. Was können wir hiermit machen?	Der Term 2a(4a+5) wird an die Tafel geschrieben.
12:44	Wir können das ausrechnen. Das ist $8a^2+10a$.	Ok, gut gemacht. Noch ein Beispiel.	$2a^6(4a+5)$ wird an die Tafel geschrieben und ein anderer Schüler drangenommen.
12:48	(Nach kurzer Überlegung:) $8a^7+10a^6$.	Was für ein Gesetz haben Sie angewendet?	Der Lehrer notiert die Lösung.
12:50	Binomische Formel	Nein!	Der Schüler gibt eine falsche Antwort. Die Aufmerksamkeit des Lehrers bleibt bei dem Schüler.
12:52	Ich habe die Variablen zusammengefasst.	Wieder falsch! Passt auf wir kommen jetzt zu Potenzgesetzen.	Es wird zum Thema Potenzgesetze übergeleitet.
12:59	-	Schreibt euch das folgende Gesetz auf!	An der Tafel wird „Potenzgesetze" als Überschrift vermerkt. Im Anschluss folg $x^a x^b = x^{a+b}$.
13:03	-	Wie heißt das x in diesem Fall? Also ganz allgemein.	Die Lehrkraft deutet auf das x innerhalb des Potenzgesetzes.
13:05	Variable!	Nein...allgemein! Das nennt sich Basis. Wir werden beim nächsten Mal an dieser Stelle weitermachen.	Die Stunde wird durch die Lehrkraft beendet.

Anhang - Narratives Hospitationsprotokoll 2

<u>Beginn der Unterrichtsstunde 07:50 Uhr</u>

Mit dem Klingeln zum Unterrichtsbeginn stellt die Lehrkraft ein Schild mit der Aufschrift „Stop!“ vor die Eingangstür zum Klassenraum.

Die Schülerinnen und Schüler werden freundlich begrüßt und es wird ein Rückblick auf die letzte Unterrichtsstunde gegeben.

Lehrer: „In der letzten Stunde haben wir das Thema Bruchrechnung abgeschlossen. Dazu hatten Sie eine Hausarbeit auf. Gibt es Fragen zu diesen Aufgaben?“

Schüler A: „Ja, ich hab Aufgabe 4b nicht verstanden.“

Lehrer: Ok, wir sammeln mal die Aufgaben, die Probleme bereitet haben, an der Tafel. Also Aufgabe 4b. Weitere Aufgaben?“

Schüler B: „Aufgabe 6c und 6d.“

Schüler C: „Aufgabe 4e.“

Keine weiteren Meldungen.

Lehrer: „Ich möchte, dass diese vier Aufgaben an der Tafel vorgerechnet werden. Wer rechnet Aufgabe 4b vor?“

Es meldet sich niemand.

Lehrer: „Ok, als Kompromiss dürfen alle 4 Aufgaben gleichzeitig an der Tafel gerechnet werden. Für jede Aufgabe brauchen wir einen Freiwilligen.“

Nach kurzer Zeit wurden insgesamt 4 Schülerinnen und Schüler ausgewählt, die sich freiwillig meldeten.

Lehrer: „Sie rechnen jetzt die jeweilige Aufgabe an der Tafel und können sich setzten, sobald Sie mit dem Rechnen fertig sind“

Die Schülerinnen und Schüler folgen der Anweisung. Im Anschluss wird der Lösungsweg besprochen. Die Lehrkraft übernimmt dabei die Erklärungen und korrigiert die Fehler an der Tafel.

Lehrer: „Damit kommen wir jetzt zum Thema gemischte Brüche“

Die gemischten Brüche werden eingeführt und die Phase des Unterrichtseinstieges ist beendet.

Anhang - Internes Schulcurriculum für die einjährige OBF

Internes Curriculum für das Fach Mathematik
- einjährige kaufmännische Berufsfachschule (OBF) –

Unterrichtsinhalte	Kompetenzbezug, Erläuterungen und Anregungen
- Wiederholungen * Bruchteile und Brüche * Erweitern u. Kürzen v. Brüchen * Dezimalbrüche * Addition, Subtraktion, Multiplikation u. Division v. Brüchen	 * Bruchbegriff (Menge der Brüche) * Darstellung von Brüchen z. B. a. d. Zahlenstrahl * unechte Brüche ↔ gemischte Zahl * Berechnen von Bruchteilen * Bruch ↔ Dezimalbruch * Ordnung * Rechengesetze anwenden
* Zuordnungen * proportionale Zuordnung * antiproportionale Zuordn.	* verschiedene Darstellungsformen betrachten (z. B. Diagramm, Tabelle) * Rechnen mit dem Dreisatz
- Zahlenbereiche * natürliche, gebrochene, ganze und rationale Zahlen * Addition, Subtraktion, Multiplikation u. Division v. rationalen Zahlen	 * Begriffe definieren u. a. d. Zahlengeraden darstellen * Ordnung * auch mehrere Operationen miteinander verknüpfen
- Potenzen * Rechnen mit Potenzen * Zehnerpotenzen	*Begriff definieren; Basis und Exponent * Berechnen von Potenzen – Einsatz des TR * Potenzgesetze anwenden * Potenzrechnung vor Punktrechnung * auch mit negativen Exponenten
- Rechnen mit Termen	* Termbegriff klären, Schreibweisen * Zusammenfassen, Ausklammern, Ausmultiplizieren
- Prozentrechnung (10 h) * Prozentbegriff * Grundbegriffe * Einkommen, Steuern und Sozialversicherung	 * Bruch ↔ Prozentsatz ↔ Dezimalbruch * Veranschaulichen von Prozenten * Bestimmen v. Prozentsätzen, Prozentwerten und Grundwerten * grafische Darstellung von Prozentsätzen * vermehrter und verminderter Grundwert * Sachaufgaben * Sachaufgaben

Unterrichtsinhalte	Kompetenzbezug, Erläuterungen und Anregungen
- Zinsrechnung (7 h) * Grundbegriffe * Monats- und Tageszinsen * Kapitalwachstum	 * Vergleich mit Prozentrechnung * Bestimmen von Zinsen, Zinssatz und Kapital * Sachaufgaben * Anwendung der Zinsformeln * Zinseszinsen * Sachaufgaben
- Tabellenkalkulation mit dem PC (5 h) * Aufbau von Tabellen * Geschäftsleben * exponentielles Wachstum * Energiesparen - Kredite, Kalkulationen und Gewinne (6 h) * Verzinsung und Tilgung von Krediten * Kalkulation und Gewinn * nach- und vorschüssige Renten	 * Sachaufgaben (vermischte Aufgaben) * Begriffe wie Einkaufspreis, Selbstkosten usw. klären * Sachaufgaben * Rentenformel
- Mischungsrechnen (4 h)	* Mischungen und Prozente
Geometrie(Wiederholungen) - Flächeninhalt u. Umfang (4 h) * Rechteck, Quadrat * Parallelogramm * Dreieck * Trapez - Flächeninhalt u. Umfang des Kreises (4 h) - Winkel und Dreiecke (6 h) * Winkel an geschnittenen Parallelen * Dreiecksarten * Winkelsumme im Dreieck * Kongruenzsätze * Dreieckskonstruktionen	 * wiederholende Übungen * Kreisausschnitt u- -ring nur kurz behandeln * einfache Bedingungen f. Konstruierbarkeit v. Dreiecken
- Volumen (8 h) * Prismen * Zylinder * Pyramide * Kegel * Kugel	 * Anwendung der Volumenformeln * auch zusammengesetzte Körper betrachten

Unterrichtsinhalte	Kompetenzbezug, Erläuterungen und Anregungen
- lineare Gleichungen (Wiederholung) (6 h) * Gleichungen und ihre Lösungsmenge * Lösen von Gleichungen - Bruchgleichungen (3 h) - Umstellen von Formeln (2 h) - Multipl. v. Summen (2 h) - binomische Formeln (4 h) - lineare Ungleichungen (4 h)	* Begriffe definieren * Zusammenhang zwischen Grund- und Lösungsmenge * Umformungsregeln anwenden * Terme mit Klammern verwenden (Zusammenfassen, Auflösen) * Sachaufgaben * Gleichungen mit Brüchen * Begriff definieren * Angabe des Definitionsbereiches *Bruchgleichungen lösen * Volumen- u. Flächeninhaltsformeln verwenden * Grundgleichung der Prozent- u. Zinsrechnung * Zinsformel * auch z.B. $(3 + x)^2$ * Produkt ↔ Summe * Begriffe definieren * Umformungsregeln * Angabe der Lösungsmenge in Abhängigkeit von der Grundmenge * Ungleichungen mit Brüchen
- lineare Funktionen (8 h) * Funktionsbegriff * lineare Funktionen	* über verschiedene Zuordnungen klären * Definitions- und Wertemenge * Bezeichnungen und Schreibweisen * Begriff definieren * Funktionsgleichung und Graph, Bedeutung von m und n, Nullstelle * Steigungsdreieck * Sonderfall : $y = mx$ * Ermitteln der Funktionsgleichung aus dem Graphen * Schnittpunkte mit den Achsen * Sachaufgaben
- lineare Gleichungssysteme (6 h) * graphisches Lösen * Gleichsetzungsmethode, Einsetzungsmethode und Additionsmethode	* Begriff definieren * Zahlenpaare als Lösung * Lösbarkeit in Abhängigheit v. d. Lage d. Geraden * Sachaufgaben * bes. Additionsmethode anwenden * Kosten-, Erlös- und Gewinnfunktionen
- quadratische Funkt. (6 h) * Normalparabel ($y = x^2$) * Parabel für $y = ax^2$	* Begriff definieren * Parabeln als Graphen * Symmetrie zur y-Achse * Scheitelpunkt * Verlauf in Abhängigkeit von a * Funktionsgleichung ↔ Graph

Unterrichtsinhalte	Kompetenzbezug, Erläuterungen und Anregungen
* Verschieben der Normalparabel * allg. Form d. Parabelgleichung * Schnittpunkte von Parabeln und Geraden	* Betrachtung von $y = x^2 + c$ $y = (x - d)^2$ $y = (x - d)^2 + e$ * Scheitelpunkt ↔ Funktionsgleichung * $y = ax^2 + bx + c \leftrightarrow y = a(x - d)^2 + e$ * graphische Ermittlung
- Wurzeln (4 h) * Quadratwurzel * Rechnen mit Quadratwurzeln * höhere Wurzeln	 * Begriff definieren * $\left(\sqrt{a}\right)^2 = a; \quad \sqrt{a^2} = a; \quad \sqrt{a} = a^{\frac{1}{2}}$ * TR-Einsatz * Addition, Subtraktion, Multiplikation, Division (Regeln) * partielles Quadratwurzelziehen * Rationalmachen des Nenners * Definitionsbereich * Sachaufgaben * Begriff definieren * $\sqrt[3]{a^3} = a$ * TR-Einsatz
- reelle Zahlen (2 h)	* Begriff definieren * irrationale Zahlen * Intervallschachtelung
- quadr. Gleichungen (10 h) * reinquadr. Gleichungen * gemischt-quadratische Gleichungen * quadratische Ergänzung * Sachaufgaben * Satz des VIETA * COURNOTscher Punkt	* Begriff definieren * Lösungsmenge ermitteln * p-q-Formel (Diskriminante) * Abhängigkeit der Lösungsmenge von der Diskriminante * graphische Lösungen *Bruchgleichungen, die auf eine quadr. Gleichung führen (Definitionsbereich angeben) * Begriff im Zusammenhang mit der Herleitung der p-q-Formel definieren * einige Gleichungen mit quadratischer Ergänzung lösen * $(x - x_1)(x - x_2) = x^2 + px + q$; x_1, x_2: Lösungen
- Statistik (4 h) * Datenerhebungg * Datenerfassung * Datenauswertung * Mittelwert * Sachaufgaben	 * Listen erstellen, absolute Häufigkeit bestimmen; Diagramme erstellen; lesen und interpretieren von graphischen Darstellungen, praktische Übungen

Unterrichtsinhalte	Kompetenzbezug, Erläuterungen und Anregungen
- Zufall und Wahrscheinlichkeit (4 h) * relative Häufigkeit * mehrstufige Zufallsversuche	 * Zufallsversuch durchführen * Begriff definieren * Wahrscheinlichkeitsbegriff einführen * Berechnung von Wahrscheinlichkeiten (LAPLACE-Experiment) * Baumdiagramm anfertigen * Pfadregel anwenden
- Berechnungen am rechtwinkligen Dreieck (4 h)	* Katheten, Hypotenuse * Satz des PYTHAGORAS (Beweis) * Anwendungsaufgaben
- Trigonometrie (6 h) * Sinus, Kosinus und Tangens eines Winkels	 * Begriffe definieren * TR-Einsatz * Anwendungs- und Sachaufgaben